智能制造系列教材

智能运维与健康管理

INTELLIGENT MAINTENANCE
AND HEALTH MANAGEMENT

肖雷　张洁　编著

清华大学出版社

北京

图书在版编目（CIP）数据

智能运维与健康管理/肖雷，张洁编著.—北京：清华大学出版社，2023.10（2025.1重印）
智能制造系列教材
ISBN 978-7-302-64412-5

Ⅰ．①智… Ⅱ．①肖… ②张… Ⅲ．①智能制造系统－设备管理－高等学校－教材
Ⅳ．①TH166

中国国家版本馆 CIP 数据核字（2023）第 152645 号

责任编辑：刘　杨
封面设计：李召霞
责任校对：赵丽敏
责任印制：宋　林

出版发行：清华大学出版社
　　　　网　　　址：https://www.tup.com.cn，https://www.wqxuetang.com
　　　　地　　　址：北京清华大学学研大厦 A 座　　　　邮　　　编：100084
　　　　社 总 机：010-83470000　　　　　　　　　　邮　　　购：010-62786544
　　　　投稿与读者服务：010-62776969，c-service@tup.tsinghua.edu.cn
　　　　质量反馈：010-62772015，zhiliang@tup.tsinghua.edu.cn
印 装 者：小森印刷霸州有限公司
经　　　销：全国新华书店
开　　　本：170mm×240mm　　印　张：8.5　　　　字　　　数：171 千字
版　　　次：2023 年 11 月第 1 版　　　　　　　　印　　　次：2025 年 1 月第 2 次印刷
定　　　价：29.00 元

产品编号：090011-01

多年前人们就感叹,人类已进入互联网时代;近些年人们又惊叹,社会步入物联网时代。牛津大学教授舍恩伯格(Viktor Mayer-Schönberger)心目中大数据时代最大的转变,就是放弃对因果关系的渴求,转而关注相关关系。人工智能则像一个幽灵徘徊在各个领域,兴奋、疑惑、不安等情绪分别蔓延在不同的业界人士中间。今天,5G 的出现使得作为整个社会神经系统的互联网和物联网更加敏捷,使得宛如社会血液的数据更富有生命力,自然也使得人工智能未来能在某些局部领域扮演超级脑力的作用。于是,人们惊呼数字经济的来临,憧憬智慧城市、智慧社会的到来,人们还想象着虚拟世界与现实世界、数字世界与物理世界的融合。这真是一个令人咋舌的时代!

但如果真以为未来经济就"数字"了,以为传统工业就"夕阳"了,那可以说我们就真正迷失在"数字"里了。人类的生命及其社会活动更多地依赖物质需求,除非未来人类生命形态真的变成"数字生命"了,不用说维系生命的食物之类的物质,就连"互联""数据""智能"等这些满足人类高级需求的功能也得依赖物理装备。所以,人类最基本的活动便是把物质变成有用的东西——制造!无论是互联网、物联网、大数据、人工智能,还是数字经济、数字社会,都应该落脚在制造上,而且制造是其应用的最大领域。

前些年,我国把智能制造作为制造强国战略的主攻方向,即便从世界上看,也是有先见之明的。在强国战略的推动下,少数推行智能制造的企业取得了明显效益,更多企业对智能制造的需求日盛。在这样的背景下,很多学校成立了智能制造等新专业(其中有教育部的推动作用)。尽管一窝蜂地开办智能制造专业未必是一个好现象,但智能制造的相关教材对于高等院校与制造关联的专业(如机械、材料、能源动力、工业工程、计算机、控制、管理……)都是刚性需求,只是侧重点不一。

教育部高等学校机械类专业教学指导委员会(以下简称"机械教指委")不失时机地发起编著这套智能制造系列教材。在机械教指委的推动和清华大学出版社的组织下,系列教材编委会认真思考,在 2020 年新型冠状病毒感染疫情正盛之时进行视频讨论,其后教材的编写和出版工作有序进行。

编写本系列教材的目的是为智能制造专业以及与制造相关的专业提供有关智能制造的学习教材,当然教材也可以作为企业相关的工程师和管理人员学习和培训之用。系列教材包括主干教材和模块单元教材,可满足智能制造相关专业的基础课和专业课的需求。

主干教材,即《智能制造概论》《智能制造装备基础》《工业互联网基础》《数据技术基础》《制造智能技术基础》,可以使学生或工程师对智能制造有基本的认识。其中,《智能制造概论》教材给读者一个智能制造的概貌,不仅概述智能制造系统的构成,而且还详细介绍智能制造的理念、意识和思维,有利于读者领悟智能制造的真谛。其他几本教材分别论及智能制造系统的"躯干""神经""血液""大脑"。对于智能制造专业的学生而言,应该尽可能必修主干课程。如此配置的主干课程教材应该是本系列教材的特点之一。

本系列教材的特点之二是配合"微课程"设计了模块单元教材。智能制造的知识体系极为庞杂,几乎所有的数字-智能技术和制造领域的新技术都和智能制造有关,不仅涉及人工智能、大数据、物联网、5G、VR/AR、机器人、增材制造(3D打印)等热门技术,而且像区块链、边缘计算、知识工程、数字孪生等前沿技术都有相应的模块单元介绍。本系列教材中的模块单元差不多成了智能制造的知识百科。学校可以基于模块单元教材开出微课程(1学分),供学生选修。

本系列教材的特点之三是模块单元教材可以根据各所学校或者专业的需要拼合成不同的课程教材,列举如下。

♯课程例1——"智能产品开发"(3学分),内容选自模块:
➤ 优化设计
➤ 智能工艺设计
➤ 绿色设计
➤ 可重用设计
➤ 多领域物理建模
➤ 知识工程
➤ 群体智能
➤ 工业互联网平台

♯课程例2——"服务制造"(3学分),内容选自模块:
➤ 传感与测量技术
➤ 工业物联网
➤ 移动通信
➤ 大数据基础
➤ 工业互联网平台
➤ 智能运维与健康管理

♯课程例3——"智能车间与工厂"(3学分),内容选自模块:
➤ 智能工艺设计
➤ 智能装配工艺

➢ 传感与测量技术

➢ 智能数控

➢ 工业机器人

➢ 协作机器人

➢ 智能调度

➢ 制造执行系统(MES)

➢ 制造质量控制

总之,模块单元教材可以组成诸多可能的课程教材,还有如"机器人及智能制造应用""大批量定制生产"等。

此外,编委会还强调应突出知识的节点及其关联,这也是此系列教材的特点。关联不仅体现在某一课程的知识节点之间,也表现在不同课程的知识节点之间。这对于读者掌握知识要点且从整体联系上把握智能制造无疑是非常重要的。

本系列教材的编著者多为中青年教授,教材内容体现了他们对前沿技术的敏感和在一线的研发实践的经验。无论在与部分作者交流讨论的过程中,还是通过对部分文稿的浏览,笔者都感受到他们较好的理论功底和工程能力。感谢他们对这套系列教材的贡献。

衷心感谢机械教指委和清华大学出版社对此系列教材编写工作的组织和指导。感谢庄红权先生和张秋玲女士,他们卓越的组织能力、在教材出版方面的经验、对智能制造的敏锐性是这套系列教材得以顺利出版的最重要因素。

希望本系列教材在推进智能制造的过程中能够发挥"系列"的作用!

2021 年 1 月

制造业是立国之本，是打造国家竞争能力和竞争优势的主要支撑，历来受到各国政府的高度重视。而新一代人工智能与先进制造深度融合形成的智能制造技术，正在成为新一轮工业革命的核心驱动力。为抢占国际竞争的制高点，在全球产业链和价值链中占据有利位置，世界各国纷纷将智能制造的发展上升为国家战略，全球新一轮工业升级和竞争就此拉开序幕。

近年来，美国、德国、日本等制造强国纷纷提出新的国家制造业发展计划。无论是美国的"工业互联网"、德国的"工业4.0"，还是日本的"智能制造系统"，都是根据各自国情为本国工业制定的系统性规划。作为世界制造大国，我国也把智能制造作为推进制造强国战略的主攻方向，并于2015年发布了《中国制造2025》。《中国制造2025》是我国全面推进建设制造强国的引领性文件，也是我国实施制造强国战略的第一个十年的行动纲领。推进建设制造强国，加快发展先进制造业，促进产业迈向全球价值链中高端，培育若干世界级先进制造业集群，已经成为全国上下的广泛共识。可以预见，随着智能制造在全球范围内的孕育兴起，全球产业分工格局将受到新的洗礼和重塑，中国制造业也将迎来千载难逢的历史性机遇。

无论是开拓智能制造领域的科技创新，还是推动智能制造产业的持续发展，都需要高素质人才作为保障，创新人才是支撑智能制造技术发展的第一资源。高等工程教育如何在这场技术变革乃至工业革命中履行新的使命和担当，为我国制造企业转型升级培养一大批高素质专门人才，是摆在我们面前的一项重大任务和课题。我们高兴地看到，我国智能制造工程人才培养日益受到高度重视，各高校都纷纷把智能制造工程教育作为制造工程乃至机械工程教育创新发展的突破口，全面更新教育教学观念，深化知识体系和教学内容改革，推动教学方法创新，我国智能制造工程教育正在步入一个新的发展时期。

当今世界正处于以数字化、网络化、智能化为主要特征的第四次工业革命的起点，正面临百年未有之大变局。工程教育需要适应科技、产业和社会快速发展的步伐，需要有新的思维、理解和变革。新一代智能技术的发展和全球产业分工合作的新变化，必将影响几乎所有学科领域的研究工作、技术解决方案和模式创新。人工智能与学科专业的深度融合、跨学科网络以及合作模式的扁平化，甚至可能会消除某些工程领域学科专业的划分。科学、技术、经济和社会文化的深度交融，使人们可以充分使用便捷的软件、工具、设备和系统,彻底改变或颠覆设计、制造、销售、服务和消费方式。因此,工程教育特别是机械工程教育应当更加具有前瞻性、创新性、开放性和多样性,应当更加注重与世界、社会和产业的联系,为服务我国新的"两步走"宏伟愿景做出更大贡献,为实现联合国可持续发展目标发挥关键性引领作用。

需要指出的是,关于智能制造工程人才培养模式和知识体系,社会和学界存在多种看法,许多高校都在进行积极探索,最终的共识将会在改革实践中逐步形成。我们认为,智能制造的主体是制造,赋能是靠智能,要借助数字化、网络化和智能化的力量,通过制造这一载体把物质转化成具有特定形态的产品(或服务),关键在于智能技术与制造技术的深度融合。正如李培根院士在丛书序1中所强调的,对于智能制造而言,"无论是互联网、物联网、大数据、人工智能,还是数字经济、数字社会,都应该落脚在制造上"。

经过前期大量的准备工作,经李培根院士倡议,教育部高等学校机械类专业教学指导委员会(以下简称"机械教指委")课程建设与师资培训工作组联合清华大学出版社,策划和组织了这套面向智能制造工程教育及其他相关领域人才培养的本科教材。由李培根院士和雒建斌院士、部分机械教指委委员及主干教材主编,组成了智能制造系列教材编审委员会,协同推进系列教材的编写。

考虑到智能制造技术的特点、学科专业特色以及不同类别高校的培养需求,本套教材开创性地构建了一个"柔性"培养框架:在顶层架构上,采用"主干教材+模块单元教材"的方式,既强调了智能制造工程人才必须掌握的核心内容(以主干教材的形式呈现),又给不同高校最大程度的灵活选用空间(不同模块教材可以组合);在内容安排上,注重培养学生有关智能制造的理念、能力和思维方式,不局限于技术细节的讲述和理论知识的推导;在出版形式上,采用"纸质内容+数字内容"的方式,"数字内容"通过纸质图书中列出的二维码予以链接,扩充和强化纸质图书中的内容,给读者提供更多的知识和选择。同时,在机械教指委课程建设与师资培训工作组的指导下,本系列书编审委员会具体实施了新工科研究与实践项目,梳理了智能制造方向的知识体系和课程设计,作为规划设计整套系列教材的基础。

本系列教材凝聚了李培根院士、雒建斌院士以及所有作者的心血和智慧,是我国智能制造工程本科教育知识体系的一次系统梳理和全面总结,我谨代表机械教指委向他们致以崇高的敬意!

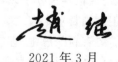

2021 年 3 月

制造业是一个国家综合国力的重要体现。在经历了互联网泡沫和经济危机之后,世界各国尤其是发达国家已经重新意识到了制造业的重要性。无论是德国提出的"工业4.0国家战略"、美国提出的"国家制造业创新网络计划"、日本提出的"工业价值链计划"以及中国提出的"中国制造2025",都紧紧围绕着制造业这个核心。制造业的核心要素之一是设备。随着服役时间的增长,设备会出现结构缺陷或者功能故障,若这些缺陷或故障不能及时地被检测出、被处理,则可能造成灾难性的后果。

对设备进行适时的检修在一定程度上能够避免设备故障的发生,但是从检修行为本身来说,检修行为不会为企业产生直接利润,相反,还会增加企业的维护成本。以航空飞机为例,据报道,飞机维修成本占航空公司运营成本的10%~20%;风电是近年来新兴的新能源产业,随着越来越多的国家和地区增加对风电设施的建设,风电的维护成本也越来越高。据报道,我国的风电运维市场规模已从2013年的67亿元增长到2017年的124亿元,预计在2024年将达到251亿元。发达国家风电设备的年维护成本为初始投资的1%~2%,鉴于我国的风电行业在国际上的地位,我国的风电行业的维护成本也应在2%左右。著名事务公司德勤曾在2018年的"预测性维护和智能工厂"报告中指出:不合理的维护策略将会导致工厂产能下降5%~20%,每年企业由于意外停机造成的损失高达500亿美元。由此可见,无论是从设备的安全性、经济性和可用性角度考虑,制定合理的设备维护策略是保障设备安全、可靠、持续运行的关键,也是保证企业产品质量、保障人员安全和促进制造业高质量发展的重要手段。

伴随着工业的发展,维护策略的制定也发生着较大的改变。20世纪50年代以前,以"第一代维修模式"——故障后维修为主。如其名称可见,故障后维修是指在故障发生之后对发生故障的零部件或设备进行维修。这种维修方式能够最大化地使用零部件的寿命,但不能在故障发生前有效避免故障的发生,因此是一种被动的维修方式。

20世纪60~80年代,以"第二代维修模式"——预防性维修为主。在工程实践应用中,多采用基于时间的预防性维护和点检相结合。基于时间的预防性维护主要是指当设备或零部件的役龄达到一定时间,或者设备已经运行一个固定周期,则对零部件或设备进行维护。基于时间的预防性维护在一定程度上考虑了设备的状态,可以有效地避免事故的发生,是一种主动维护策略。但在维护的过程中维护周期的制定难以把握,从而导致了维护浪费或维护不足的现象。

随着传感技术和智能检测技术的发展,到 20 世纪 70 年代中期,"第三代维修模式"——基于状态的维护逐渐在工业企业中得到应用。基于状态的维护主要是通过分析设备或零部件的当前状态进而制定相应的维护策略。与预防性维护相比,基于状态的维护策略更加关注设备自身的运行状态,制定的维护策略也更为合理。

近年来,随着计算机技术的发展,以及物联网、大数据、云计算等新一代信息技术与人工智能的融合,设备的维护决策也变得更加智能化和精准化。设备的智能运维与健康管理不仅满足了设备高精度、高可靠、长时间运行的要求,还为保障产品质量、保护员工人身安全、提升企业产品价值、促进制造业高质量发展奠定了基础。目前,智能运维已成为服务型制造的典型代表,作为智能制造中的重要环节,更是成为广为认可的工业数字化领域潜在爆发点。

当前,第四次工业革命已经到来,计算机、新一代信息技术和智能传感技术的突破为企业实践智能运维夯实了基础。加快培养新一代信息技术人才,将新一代信息技术实现工业赋能是当今社会的人才需求呼声。本书综合了国内外优秀教材的基础,结合笔者在相关领域的研究成果,是一本适合于本科生和研究生初涉设备智能运维与健康管理方面的书籍。

由于智能运维与健康管理具有多学科交叉的特点,很多相关技术与应用仍处于发展和完善阶段,同时笔者水平有限,书中难免有错误与不妥之处,敬请各位读者与专家批评指正。

编　者

2022 年 11 月

目 录

CONTENTS

第1章

绪论

1.1 引言

随着设备使用时间的增加,设备中的零部件会出现结构损伤或者功能故障。广义上讲,这些结构性损伤和功能故障均可以称之为故障。对设备进行维护可以在一定程度上修复或者避免故障的发生。根据英国设备维护工艺学使用的术语词汇和《中华人民共和国国家标准》GB/T 3187—94 中的相关定义,维护是指为保持或者恢复产品处于能执行规定功能的状态所进行的所有技术和管理,包括监督的活动。在工业生产中,对设备维护能够使设备安全运行,降低突发事故的可能性,避免人员伤亡和设备损失。维护计划已经成为企业运行计划的重要组成部分。经过多年的发展,维护理论经历了事后维修、定时维修、基于状态的维护和预测性维护等过程。各种维护方式的优缺点对比如表 1-1 所示。

表 1-1 各种维护方式的优缺点对比

维修/维护方式	优　　点	缺　　点
事后维修	能够最大化地使用零部件寿命	• 非计划停机次数多; • 对安全、环境、生产、维修成本影响较大; • 设备事故多、经济损失大; • 设备管控具有不可控性
基于时间的预防维护	在一定程度上考虑设备的状态,一定程度上避免事故的发生	• 可能会产生"欠维护"和"过维护"; • 维修成本浪费或缩短设备运行周期
基于状态的维护	根据设备的实时状态情况进行维护决策	• 一些微弱故障未能及时检修; • 强调当前的设备状态,不强调未来设备状态
预测性维护	在状态维护的基础上,更具有前瞻性	• 预测结果可能不准确导致维护结果不合理; • 软硬件成本比较高

　　智能运维是建立在故障预测与健康管理(prognostics and health management,PHM)基础上的一种新的维护方式。它包含完善的自检和自诊断能力,包括对大型装备进行实时监督和故障报警,并能实施远程故障集中报警和维护信息的综合管理分析。借助智能运维,可以减少维护保障费用,提高设备可靠性和安全性,降低失效时发生的风险,在对安全性和可靠性要求较高的领域起着至关重要的作用。利用最新的传感检测、信号处理和大数据分析技术,针对装备的各项参数以及运行过程中的振动、位移和温度等参数进行实时在线/离线检测,并自动判别装备性能退化趋势,设定维护的最佳时机,以改善设备的状态,延缓设备的退化,降低突发性失效发生的可能性,进一步减少维护损失,延长设备的使用寿命。在智能运维策略下,管理人员可以根据预测信息来判断失效何时发生,从而可以安排人员在系统失效发生前某个合适的时机,对系统实施维护以避免重大事故发生,同时还可以减少备件存储数量,降低存储费用。

　　智能运维利用装备监测到的数据进行维修决策,基于设备当前运行信息,实现对装备未来健康状况的有效估计,并获得装备在某一时间的故障率、可靠度函数或剩余寿命分布函数。利用决策目标(维修成本、传统可靠性和运行可靠性等)和决策变量(维修间隔和维修等级等)之间的关系建立维修决策模型。目前,针对维修决策模型的理论研究较多,但工程应用效果不尽理想。智能运维的最终目标是减少对人员因素的依赖,逐步信任机器,实现机器的自判、自断和自决。智能运维技术已经成为新运维演化的一个开端。

1.1.1　PHM 技术

　　PHM 技术是 20 世纪 70 年代中期,从基于传感器的诊断转向基于智能系统的预测,并呈现出蓬勃的发展态势。从概念内涵上讲,PHM 技术从外部测试、机内测试、状态监测和故障诊断发展而来,涉及故障预测和健康管理两大方面的内容。故障预测即 PHM 中的 P(prognostics)部分,主要是指根据系统历史和当前的监测数据诊断、预测其当前和将来的健康状态、性能衰退和故障的发生;健康管理即PHM 中的 HM(health management),主要是指根据诊断、评估、预测的结果,结合可用的维修资源和设备使用要求等知识,对任务、维修与保障等活动做出适当规划、决策、计划与协调的能力。

　　PHM 技术的主要功能如图 1-1 所示,主要包括关键系统/部件的实时状态监控(传感器监测参数与性能指标等参数的监测)、故障判别(故障检测与隔离)、健康预测(包括性能趋势、使用寿命及故障的预测)、辅助决策(包括维修与任务的辅助决策)和资源管理(包括备品备件、保障设备等维修保障资源管理)、信息应需传输(包括故障选择性报告、信息压缩传输等)与管理等方面。

　　PHM 技术代表了一种理念的转变,是装备管理从事后处置、被动维护,到定期检查、主动防护,再到事先预测、综合管理不断深入的结果,旨在实现从基于传感器

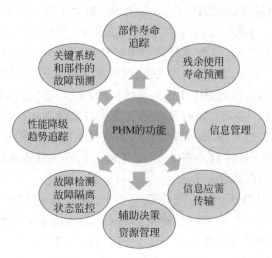

图 1-1　PHM 技术主要功能

的诊断向基于智能系统的预测转变,从忽略对象性能退化的控制调节向考虑性能退化的控制调节转变,从静态任务规划向动态任务规划转变,从定期维修到视情维修转变,从被动保障到主动保障转变。故障预测可向短期协调控制提供参数调整时机,向中期任务规划提供参考信息,向维护决策提供依据信息。故障预测是实现控制参数、任务规划和视情维修的前提,是提高装备六性(可靠性、安全性、维修性、测试性、保障性和环境适应性)和降低全寿命周期费用的核心。近年来,PHM 技术受到了学术界和工业界的高度重视,在机械、电子、航空、航天、船舶、汽车、石化、冶金和电力等多个行业领域得到了广泛的应用。

PHM 技术并不适用于所有的对象,是否采取 PHM 技术对设备进行管理需要同时考虑故障的频率和故障影响的大小,如图 1-2 所示。对于故障频率高、故障影响小的设备应准备更多的备件。对于故障频率高、故障影响大的设备主要是系统设计的问题,需要改进设计。对于故障频率低、故障影响小的设备采用传统的维护方式即可。对于故障频率低、故障影响大的设备应采用 PHM 技术对其进行管理。

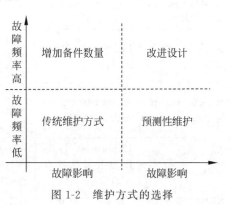

图 1-2　维护方式的选择

1.1.2　国外 PHM 技术发展

随着系统和设备复杂性的增加以及信息技术的发展,国外的 PHM 技术发展先后经历了外部测试、机内测试(Built-in Test,简称 BIT)、智能 BIT、综合诊断、PHM 共 5 个阶段。与此同时,维修决策技术的发展也经历了事后维修、周期性预防维护、状态维护等阶段。目前,PHM 技术已经得到美国、英国等军事强国的深度研究与推广应用,并正在成为新一代飞机、舰船和车辆等武器装备研制阶段与使用阶段的重要组成。代表性的 PHM 相关系统包括:F-35 飞机 PHM 系统、直升机健康与使用监控系统(HUMS)、波音公司的飞机状态管理系统(AHM)、NASA 飞行器综合健康管理(IVHM)、美国海军综合状态评估系统(ICAS)以及预测增强诊断系统(PEDS)。其中 PHM 技术在 F-35 战斗机上的应用最为典型,图 1-3 为 F-35 战斗机 PHM 系统工作流程。

根据美军的统计数据,F-35 战斗机采用 PHM 技术后故障不可复现率降低 82%,维修人力减少 20%~40%,后勤规模减小 50%,出动架次率提高 25%,飞机的使用与保障费用比过去机种减少 50%,使用寿命达 8 000 飞行小时。基于上述指标,通俗地理解原来有 100 架飞机,实施 PHM 后可以当成 125 架飞机来用。

验证评价是确认 PHM 设计结果是否达到设计要求,从而对设计完善和改进提出反馈的重要手段,是 PHM 设计开发、成熟化部署应用的关键环节。国外已经公开的 PHM 验证系统如表 1-2 所示。

表 1-2　国外已经公开的 PHM 相关验证系统

开 发 商	验 证 系 统	现 状
Impact 公司、佐治亚理工学院	PHM 验证与评估虚拟测试台	用于 F-35 验证 PHM 技术方法的能力。F-35 系统供应商联合促成此平台,为设计提供反馈信息及建议
Impact 公司、Sikorsky 航空、佩恩实验室	波音公司 RITA HUMS 的度量评估工具(MET)	该工具用于评估检测相应算法的适用性。MET 利用带有注入故障数据的原型数据库进行验证
佐治亚理工学院	PEDS 系统 V&V 工具	利用大量数据,采用蒙特卡洛模拟法,产生足够的统计基准来评估诊断和预测算法的性能。对 PEDS 各主要模块单独进行验证评价
NASA Ames 研究中心	先进诊断预测测试台 ADAPT	针对航天电源系统及飞行控制作动系统进行半实物仿真验证,对可能造成安全威胁的故障采用仿真模拟;基于局域网的分布式架构,可实现人在回路的测试
NASA Ames 研究中心	Livingstone 符号模型及导航器模型检验	用于对基于模型诊断推理的验证。可嵌入到真实的 IVHM 开发环境,以论证和评估可能带给关键软件结构的影响
NASA、诺斯罗普格鲁曼公司	TA-5 IVHM 虚拟试验台(IVTB)	IVTB 将用于第二代可复用运载器风险降低计划飞行测试中所有综合健康管理试验的集成和验证
波音公司、史密斯航宇公司、华盛顿大学	波音健康管理工程环境 HMEE	OSA-CBM 的开放式结构,端到端的飞机健康管理系统测试环境,可实现半实物仿真,光纤网连接地理分布的多测试平台,机载对象和健康管理子系统/系统的联合运行

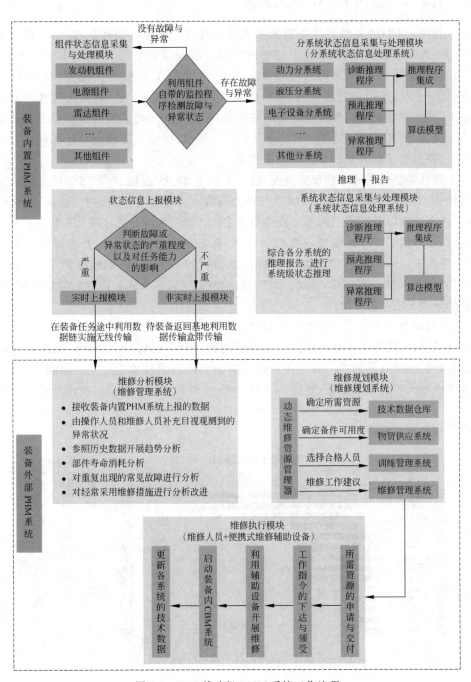

图 1-3 F-35 战斗机 PHM 系统工作流程

1.1.3　国内 PHM 技术发展

我国在 PHM 系统设计与验证基础理论与方法研究方面起步较晚,研究基础薄弱。近年来,国内相关院所主要在航空航天装备领域开展了一系列的 PHM 系统设计基础研究工作,并结合型号技术攻关、边研究边验证、迭代完善、双线并行,取得了一定的成果。目前,已初步构建了一套典型机电、电子、结构类产品的健康表征、健康度量与演化规律挖掘的方法体系,形成了相关的诊断与预测模型设计方法。此外,还开展了一定的 PHM 系统验证与评价、试验验证系统设计等技术方法研究,并形成了相关演示系统与辅助工具。

结合装备使用和维修保障情况,我国在航空、航天、船舶、兵器等领域正逐步开展相关工程技术研究。在 PHM 系统能力与需求分析基础上,从物理结构、综合诊断、信息处理以及功能结构等方面进行了 PHM 体系架构与集成的初步研究;与此同时,也开展了 PHM 系统参数指标体系、标准规范等研究。在上述研究基础之上,开发了相应的结构健康监测智能传感器、结构健康监测集成验证平台、机电 PHM 原型系统与案例库、系统测试性设计分析工具、嵌入式智能诊断原型系统,以辅助开展 PHM 系统设计。

PHM 技术在国内的研究起步较晚。虽然开展了大量的工作,并取得了显著的研究成果,但前期主要是跟踪国外工程应用,在相应基础理论与技术、系统综合集成等方面的研究还较少。作为 PHM 中的最为核心的技术之一———预测性维护,我国也与国外有着较大的差距。全球物联网知名研究机构 IoT Analytics 曾在 2016 年对全球 110 家从事预测性维护的技术性公司进行了调研和排名,具体排名情况如图 1-4 所示。

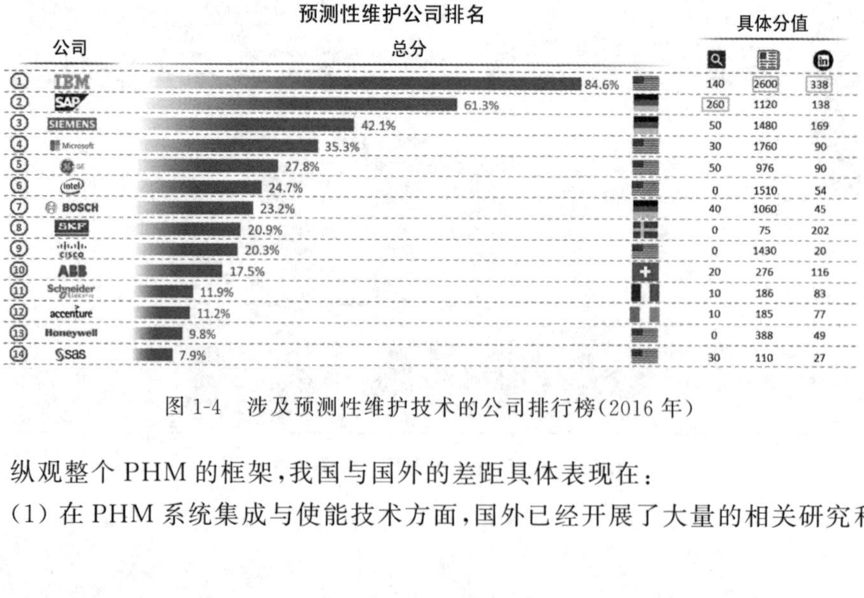

图 1-4　涉及预测性维护技术的公司排行榜(2016 年)

纵观整个 PHM 的框架,我国与国外的差距具体表现在:

(1) 在 PHM 系统集成与使能技术方面,国外已经开展了大量的相关研究和应用工作,初期国内仅是跟踪国外的工程应用,设计方面相对落后,PHM 系统集成与使能工具设计相关研究较少,工程应用亟待进一步深入研究。

(2) 在复杂系统健康管理方面,国外已开展了大量的基于 PHM 的维修决策研究工作和应用;同时,国外已在自愈材料、智能结构方面开展了大量的研究,部分技术已有应用。国内装备仍以周期性预防维护为主,基于 PHM 的装备任务规划与维修决策研究工作较少;我国在装备自愈研究方面开展较晚,自愈材料与智能结构研究方面以理论研究为主,而应用研究较少。

(3) 在复杂系统健康诊断与预测方面,国内外在此方面研究差距不大,某些方面已达到国际先进水平。在方法研究上,国内外均开展基于故障物理、数据驱动、模型、专家知识的诊断与预测技术研究。但是,在技术成熟度上与应用广度上,国外领先国内。尤其在应用于 PHM 的新型智能传感器技术及装置研发上,国外已远领先于国内。

(4) 在 PHM 能力试验验证方面,国外已开展了大量研究,国内在 PHM 设计验证方面,也开展了初步的研究工作,但目前还没有成熟的 PHM 体系综合建模、试验验证与能力评价技术方法体系,相关验证辅助工具与平台成果还较少。

国内外的 PHM 技术相关研究发展蓬勃,已形成不少的标准,近 10 年来与 PHM 相关的标准如表 1-3 所示。

表 1-3　PHM 相关标准

序号	标　准　号	标　准　名　称	年份
1	SAE AIR6900-2019	Applicable Aircraft Integrated Vehicle Health Management (IVHM) Regulations,Policy,and Guidance	2019
2	IEEE 1856-2017	IEEE Standard Framework for Prognostics and Health Management of Electronic Systems	2017
3	SAE AIR5909-2016	Prognostic Metrics for Engine Health Management Systems	2016
4	SAE ARP5120-2016	Aircraft Gas Turbine Engine Health Management System Development and Integration Guide	2016
5	DS/ISO 13381-1-2012	Condition Monitoring and Diagnostics of Machines-Prognostics-Part 1：General Guidelines	2012
6	ISO 13381-1-2015	Condition Monitoring and Diagnostics of Machines-Prognostics-Part 1：General Guidelines	2015
7	ISO 16079-1-2017	Condition Monitoring and Diagnostics of Wind Turbines-Part 1：General Guidelines	2017
8	KS B ISO 13381-1-2016	Condition Monitoring and Diagnostics of Machines-Prognostics-Part 1：General Guidelines	2016
9	BS ISO 13381-1-2015	Condition Monitoring and Diagnostics of Machines-Prognostics-Part 1：General Guidelines	2015

续表

序号	标 准 号	标 准 名 称	年份
10	AS ISO 13381.1-2014	Condition Monitoring and Diagnostics of Machines-Prognostics-Part 1：General Guidelines	2014
11	ISO 13381-1-2015	Condition Monitoring and Diagnostics of Machine-Prognostics-Part 1：General Guidelines	2015

具体到 PHM 系统设计,其流程共分为以下 7 个步骤:

第 1 步:需求定义。

需求定义其实就是判断是否需要做 PHM。在设计 PHM 系统时首先要厘清问题的现状,做好问题的定义和问题的拆解。主要包括:在设备维护管理方面企业目前面临的挑战有哪些,如运维、质量、能效等;整个企业的预测性维护价值是多少;哪些设备或零部件可以确定为关键资产;是否有一些关键资产可以从预测性维护试点中受益;资产需要的可靠度和可用性的目标是什么。

第 2 步:监控层次定义。

确定监控层次主要是确定监控的对象,是产线、机器还是组件、部件。要选择哪些关键的组件、部件进行建模,以及需要关心哪些特定的故障模式等。在确定监控层次时需明确一点:并不是所有的设备或零部件都需要进行监测,只需要对故障发生频率不高,但故障发生后影响较大的设备或零部件进行监控。

第 3 步:模型选择。

根据监测的数量以及数据的质量,进行模型选择。模型主要包括数据驱动的模型、机理式模型以及混合式模型。混合式的模型可以是不同的数据驱动式的模型混合,也可以是不同的机理式的模型混合,也可以是数据驱动的模型和机理式的模型的混合。在建模时要考虑是强数据弱机理还是弱数据强机理,抑或数据和机理都强。如果机理较强而数据量较少则需要借鉴领域知识,应尽量采取机理式的模型。如果数据量较大而对机理不清晰,则适用于数据驱动的模型。

第 4 步:关键参数选择。

选择关键参数与第 1 步和第 2 步密切相关,这一步主要是定义到底需要采集哪些数据。如果设备自身没有监测这些数据,则需要外加传感器。在使用传感器对设备进行状态监测时,需要考虑传感器的类型、数量,传感器的布局,传感器的大小、重量、成本、灵敏度、为有线传输还是无线传输、数据传输速率和其他特性。

第 5 步:部署策略和实验设计。

在此步骤开始采集一些能够进行可行性分析的数据,这些数据要能够尽量反映完整的工况,并且能够尽量覆盖不同的失效模式,要尽量能够支撑不同建模需求。最佳状态是可以采集设备或关键零部件的全寿命周期数据。所采集的数据具有典型的工业大数据"3B"特性,即质量差(Bad Quality)、碎片化(Broken)和背景性(Background)。

第 6 步：技术和经济性可行性研究。

验证整个系统从硬件到软件再到算法是否能够有机结合，算法能否闭环用户需求并实际传递给用户一些可执行的信息，同时对投资回报率等经济性的角度进行分析，判断上述方式能否在成本可控范围内最小程度定制化地推广。

第 7 步：技术开发与上线应用。

在确定技术和经济可行性之后，进行技术上线，并平行展开规模化的应用。

1.2　机械设备的故障诊断与预测

机械故障诊断与预测是借助机械、力学、电子、计算机、信号处理和人工智能等学科方面的技术对连续运行的机械装备的状态和故障进行监测、诊断和预测的一门现代化科学技术，并且已经迅速发展成为一门新兴学科。故障诊断是排除故障的基础。它可以做到以下几点：①能及时、正确地对各种异常状态做出诊断、预防或消除故障，对系统的运行进行必要的指导，提高系统运行的可靠性、安全性和有效性，从而把故障损失降低到最低水平。②保证系统发挥最大的设计能力，制定合理的检测维修制度，以便在允许的条件下充分挖掘系统潜力，延长服役期限和使用寿命，降低全寿命周期费用。③通过检测监视、故障分析和性能评估等为系统结构修改、优化设计、合理制造以及生产过程提供数据和信息。总之，故障诊断既要保证系统的安全可靠运行，又要获得更大的经济效益和社会效益。

广义的故障预测包括故障预测、失效预测、退化预测、剩余寿命预测和性能预测。预测的结果主要分为以下 4 类：模式、度量值、时间和概率。模式主要指即将发生的故障模式或失效模式。对于不可修复零部件来说，其失效模式即为故障模式。对于可修复零部件来说，一般而言，故障模式和失效模式略有区别。度量值主要是反映设备退化的状态监测量或健康指标，抑或是反映设备性能衰退的指标。时间主要是指从当前时刻到某一条件下的时刻，如从当前时刻到设备失效的时刻；从当前状态退化至某一状态所需的时间等。概率主要是指事件发生的概率，既包括故障发生的概率，也包括失效发生的概率。

无论是进行故障诊断还是进行故障预测，其基础是对设备进行状态监测，并采集能够反映设备性能退化的状态数据或者健康指标。这方面可以称之为信号获取与传感技术。可靠的信号获取与先进的传感技术是进行故障诊断和预测的前提，也是 PHM 技术中数据流动的基础。在 PHM 系统中的数据流动见图 1-5。

传感技术是关于获取信息，并对之进行处理（变换）和识别的一门多学科交叉的现代科学与工程技术，它涉及传感器（又称换能器）、信息处理和识别的规划设计、开发、制/建造、测试、应用及评价改进等活动。获取信息靠各类传感器，传感器的功能与品质决定了传感系统获取自然信息的信息量和信息质量，是高品质传感技术系统的构造关键。

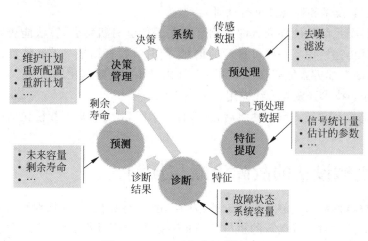

图 1-5　PHM 系统中的数据流动

　　通过传感系统获取信号,需采用恰当的处理方法,提取相关特征,才能准确获取所需要监测、分析或诊断的对象工作状态,做出正确的判断。需说明的是,监测的数据具有"3B"(Broken、Bad Quality、Background)特性,即数据分散在多个信息系统中,碎片化问题严重;工业现场环境恶劣,数据质量差;数据受到设备参数设定、工况、环境等背景信息的影响。因此,数据预处理主要是对状态监测数据进行"修正",实现数据质量检测,降低异常数据的干扰;识别数据的背景信息,对不同工况下的数据分别进行标准化处理;整合碎片化数据,并准备建模和验证所需的数据集;通过数据变换强化"建模线索"。数据预处理主要包括:工况分割、数据清洗与平滑、数据质量检测、数据归一化、数据样本平衡和数据分割。

　　经过预处理之后的信号通常会进行信号处理或特征提取。常用的信号处理或者特征提取的方法有时域分析、频域分析、时频域分析等。①时域分析:时域分析作为信号处理方法中最为基础的一个部分,原理简单,表现直观,易于实现和理解,可反映瞬态特征。当频率比较低时,采用频域或者时频分析的方法效果可能不明显。信号不仅随时间变化,还与频率、相位等有关。时域分析只能简单地判断幅值是否超标,不能得出异常部位与原因。信号的时域参数相同,但并不能说明信号就完全相同。②频域分析:此时需要进一步分析信号的频率结构,将时域信号变换至频域加以分析,在频率域中对信号进行描述,称为频域分析。频域分析反映的是信号的总体平均信息,不能体现一些特征信号分量随时间的变化情况。③时频域分析:时频分析方法可通过设计时间与频率的联合函数,提供时间域与频率域的联合分布信息,清楚地描述信号频率、幅值随时间变化的关系。

　　当前设备的故障诊断技术已逐步成为一门较为完整的新兴边缘综合工程学科,它大体上由 3 个部分组成:第 1 部分为故障诊断物理、化学过程的研究;第 2 部分为故障诊断信息学的研究,它主要研究故障信号的采集、选择、处理和分析过程；第3部分为诊断逻辑与数学原理方面的研究，主要是通过逻辑方法、模型方法、推论方法和人工智能方法，根据可观测的设备故障表征来确定下一步的检测部位，最终分析判断故障发生的部位和产生故障的原因。在机械设备中，尤其是旋转机械故障表征常伴有异常的振动和噪声，因此监测和分析振动或噪声信号是进行准确的故障诊断的必要前提。

对设备的故障预测是制定合理的维修策略和维修体制的重要基础。目前，关于故障预测方法的分类不同的研究机构和组织的提法不尽一致，大体可以分为：①基于模型的预测方法：基于模型的预测方法通常也被称为基于物理的预测方法。该方法基于设备的损伤机理建立损伤传播数学模型预测剩余寿命。虽然该方法有时预测结果非常准确，但是对于复杂系统而言，这种方法是不适用的。这是因为在建模过程中需要考虑多个组件的多种失效模式，模型的参数也需要大量的数据获得。此外，此方法所建立的模型通常都是针对个案的，而很少有通用模型。②基于数据驱动的预测方法：基于数据驱动的预测方法也称为基于经验的方法。这种方法依赖于已有的状态监测数据，并用状态监测数据直接预测系统的未来的状态进行寿命预测。基于数据驱动的预测方法可以在不知道复杂系统的物理关系的情况下很好地进行剩余寿命预测，但是大部分基于数据驱动的预测方法都需要大量的数据用于训练模型或者获取模型参数，并且对失效阈值的确定也有待于研究。③混合预测方法：混合预测方法主要包括几种不同的基于数据驱动方法的融合或基于数据驱动的预测方法和基于物理的方法的融合。

1.3 PHM中的经济要素

PHM能够提高维护决策制定的合理性，降低长期成本，将产品的使用信息反馈给设计部门，从而进行更好的产品改进或设计。PHM的实现受到其实施规模、复杂度、诊断和预测方法的成熟度以及不同的经济要素的影响。

从经济上讲，成本规避是PHM实施优势的重要体现。实施PHM能够降低设备突发失效的风险、降低设备剩余寿命浪费、降低非计划性维护成本。除此之外，实施PHM还有利于提升备件物流的合理管控，在合适的时间订购合理数量的备件，并在恰当的时间抵达恰当的维修地点。实施PHM还有助于更好地实现故障隔离，进而降低维修成本。从长远角度看，PHM的实施还有助于产品设计，减少不必要的冗余部件，增强影响产品可靠性的薄弱零部件。

实施PHM前，需要进行投资回报率(return on investment，ROI)的分析，以确定是采用传统的维护策略还是采用PHM技术。在进行ROI分析时，需要定义PHM的有效行为和度量标准，之后对于人力成本、辅助支撑软/硬件成本等成本进行评估，最终进行成本效益分析。在进行成本效益分析时，可以将故障模式、影响及危害性分析(FMECA)与之结合，用于分类故障模式以及确定需要监测、诊断和预测的对象。虽然目前已有不少的 PHM 成功实施案例,但是具体到每个成功的案例,其成本分析和成本效益分析都是不同的,这些成本分析和成本效益分析都是个性化的,不能提出一种通用的建模方法或工作流程用于评估新对象的 PHM 技术应用。此外,与其他的 ROI 计算不同,PHM 实施中存在着较大的不确定性,这些不确定性一方面来源于算法结果的不确定性,另一方面来源于投入事项的不确定性。虽然 PHM 的 ROI 计算较为复杂,但是作为智能制造的重要组成部分,PHM 还是受到了广泛的关注。对于针对某行业已经商品化的 PHM 产品,预估在一年内的投资回报率可达 500% 之高。

PHM 实施成本是指实现 PHM 所需的相关成本,包括需要实现某些技术或者开发一个新的 PHM 系统,抑或将 PHM 集成到现有系统中所涉及的费用。PHM 的实施成本可分为经营性成本、非经营性成本和基础设施成本。非经营性成本主要涉及在 PHM 项目的初期或者尾期的一次性行为,其计算公式如(1-1)所示。经营性成本主要涉及 PHM 项目中的经常性或者持续性的行为,其计算公式如(1-2)所示。基础设施成本主要是指维持 PHM 项目在给定的时间/特定条件内产生的支持性的行为或者结构性必需品,其计算公式如(1-3)所示

$$C_{NRE} = C_{dev\_hard} + C_{dev\_soft} + C_{training} + C_{doc} + C_{int} + C_{qual} \quad (1\text{-}1)$$

其中,C_{NRE} 为非经营性成本,C_{dev_hard} 为硬件开发成本,C_{dev_soft} 为软件开发成本,$C_{training}$ 为模型训练成本,C_{doc} 为文件成本,C_{int} 为整合性成本,C_{qual} 为测试和资质成本。

$$C_{REC} = C_{hard\_add} + C_{assembly} + C_{test} + C_{install} \quad (1\text{-}2)$$

其中,C_{REC} 为经营性成本,C_{hard_add} 为辅助硬件成本包括增加零部件或者使用传感器等其他硬件的成本,$C_{assembly}$ 为装配、安装、功能性测试辅助硬件的成本,C_{test} 为硬件的功能性测试成本,$C_{install}$ 为硬件安装成本。

$$C_{INF} = C_{prog\_maintenance} + C_{decision} + C_{retraining} + C_{data} \quad (1\text{-}3)$$

其中,C_{INF} 为基础设施成本,$C_{prog\_maintenance}$ 为预测设备的维护成本,$C_{decision}$ 为决策支持成本,$C_{retraining}$ 为培训人员使用 PHM 系统的培训成本,C_{data} 为数据管理成本。

除了可货币化的成本之外,PHM 设施过程中还会产生非货币化的因素,如安装在设备上的传感器会增大设备的体积,产生的数据或占用企业数据存储空间等。所以,在实施 PHM 中还要考虑空间、重量、时间和成本等维度。

第 2 章

机械设备的状态监测与数据获取

2.1　状态监测的定义与作用

设备状态监测(condition monitoring,CM)是基于状态的维护(condition-based maintenance,CBM)和故障预知与健康管理(prognostics and health management, PHM)的重要组成部分,也被认为是了解设备状态最有效的方式方法之一。状态监测,是指通过一定的途径了解和掌握设备的运行状态。主要通过对设备的状态参数(如温度、振动)采用各种在线或离线的技术手段对其进行检测、监视、分析,根据参数变化判断设备是否存在异常,判断设备当前运行状态属于正常还是异常,从而对异常状态及时做出报警。状态监测是将设备的状态通过数字化的形式表现出来的重要手段,是了解设备状态和发展智能制造的基础。状态监测常用在旋转设备、辅助系统或其他机械(如压缩机、泵、发动机、内燃机、冲床等)。

状态监测对于及早发现设备的故障征兆,以便采取相应的措施,避免、减缓、减少重要事故的发生具有重要意义。如若设备发生故障,能够自动记录下故障过程的完整信息,以便事后进行故障原因分析,避免再次发生同类事故,便于充分了解设备性能,为改进设备、制造与维修水平提供有力证据。

2.2　状态监测与数据获取

数据采集是指从传感器和其他待测设备等模拟和数字被测单元中自动采集非电量或者电量信号,送到上位机中进行分析、处理。工业生产设备数据采集是利用泛在感知技术对各种工业生产设备进行实时高效采集和云端汇聚。工业生产设备数据采集有 3 种方式,分别是:①直接联网通信:直接联网是指借助设备自身的通信协议、通信网口,不添加任何硬件,直接与车间的局域网进行连接,与数据采集服务器进行通信,服务器上的软件进行数据的展示、统计、分析,一般可实现对设备开机、关机、运行、暂停、报警状态的采集，及报警信息的记录。在工程实践中，一些设备自带有用于进行数据通信的以太网口，通过不同的数据传输协议，即可实现对设备运行状态的实时监测，如一些高档数控机床。②工业网关采集：对于没有以太网通信接口，或不支持以太网通信的设备，可以借助工业以太网的方式连接设备的PLC控制器，实现对设备数据的采集，实时获取设备的开机、关机、运行、暂停、报警状态。工业通信网关可以在各种网络协议做报文转换，即将车间内各种不同种类的PLC的通信协议转换成一种标准协议，通过该协议实现数据采集服务器对现场PLC设备信息的实时获取。③远程IO采集：对于不能直接进行以太网口通信，又没有PLC控制单元的设备，可以通过部署远程IO进行设备运行数据的采集，通过远程IO的方式可以实时采集设备的开机、关机、运行、报警、暂停状态。远程IO模块，是工业级远程采集与控制模块，可提供无源节点的开关量输入采集，通过对设备电气系统的分析，确定需要的电气信号，接入远程IO模块，由模块将电气系统的开关量、模拟量转成网络数据，通过车间局域网传送给数据采集服务器。

在工程实践中，采集的数据往往是能够反映设备状态或者性能的参数，通过分析这些参数判断设备是否存在异常，这些参数多种多样因设备不同而不同，主要有：振动、声音、形变、应力、裂纹、磨损、腐蚀、温度、压力、流量、电流、转速、扭矩、功率等。

2.2.1　振动分析法

振动分析法是对设备所产生的机械振动进行信号采集、数据处理后，根据振幅、频率、相位及相关图谱进行分析，进而进行故障检测、故障诊断等功能性分析。振动分析法是设备状态监测与故障诊断所使用的主要方法，其原因如下：①在设备所发生的所有故障中，振动故障的概率最高；②振动信号所涵盖的设备状态的信息量最大，它既能涵盖转子、轴承、齿轮、联轴器等机械零部件自身运行状态的信息，又包含了诸如转速、流量、压力、温度、介质组分、润滑油等工艺及影响设备运行状态的信息。因为机械零部件或运行参数的非正常变化，都会引起振动值增大，振动信息量如此之丰富，是其他任何信息所无可比拟的；③振动信号易于拾取，便于在不影响机组运行的情况下实行在线监测与诊断。振动分析法是转动设备故障诊断中运用最广泛、最有效的方法。

采用振动分析法，可以对旋转机械大部分的故障类型进行准确的诊断，例如转子不平衡、轴弯曲、轴横向裂纹、滑动轴承不良（间隙过大、磨损严重、刚度差异大、轴颈偏心、轴承不对中、轴瓦或油挡错位、瓦面接触差、瓦背紧力不足、可倾瓦摇摆性差等）、油膜涡动及油膜振荡、摩擦、转子部件或支承部件松动、轴系不对中、结构共振、旋转失速及喘振、流体激振、电磁力激振、临界转速、联轴器缺陷、齿轮缺陷、滚动轴承缺陷、皮带轮偏心等。

2.2.2 温度分析法

温度是工业生产中的重要工艺参数,也是表征设备运行状态的一个重要指标。设备出现机械、电气故障的一个明显特征就是温度升高,同时温度的异常变化又是引发设备故障的一个重要因素。例如,设备的轴承在运行过程中由于润滑不良或严重磨损而过度发热,电气设备在运转时因电流过大或绝缘损坏,也会引起不正常的发热。因此,通过监测温度的变化,可以发现设备的故障。有统计资料表明,温度检测约占工业检测总数的 50%。

温度的测量方式主要有接触式和非接触式两类,两者的对比如表 2-1 所示。当把温度计和被测物体的表面很好地接触后,经过足够长时间达到热平衡,则二者的温度必然相等,温度计显示的温度即为被测物体表面的温度,这种方式称为接触式测温。非接触式测温是利用物体的热辐射能随温度变化的原理来测定物体温度的。由于温感原件不与被测物体接触,因而不会改变被测物体的温度分布,且辐射热与光速一样快,故热惯性很小。

表 2-1 接触式与非接触式测温的比较

对比项	接触式测温	非接触式测温
特点	• 测量热容量小的物体、运动的物体等的温度有难度; • 受环境的限制; • 可测量物体任何部位的温度; • 便于多点、集中测量和自动控制	• 不会改变被测物体的温度分布; • 可测量热容量小的物体、运动的物体等的温度; • 一般是测量表面温度
温度范围	• 容易测量 1 000℃ 以下的温度	• 适合于高温测量
响应速度	• 较慢	• 快

接触式测温仪主要包括膨胀式温度计、压力表式温度计、电阻温度计和热电偶温度计。非接触式测温计主要包括光电高温计、光学高温计、红外测温计、红外热像仪和红外热电视。随着生产和科学技术的发展,对温度监测提出了越来越高的要求,接触式测温方法已经远不能满足许多场合的测温要求。

2.2.3 油液分析法

油液分析法是对润滑油本身以及油中微小颗粒所进行的理化分析,也是大型旋转机械状态监测与诊断中的一个重要方法。油液分析主要分为两大类:一类是润滑油油液本身的常规理化分析,另一类是对油中所含有的微小颗粒所进行的铁谱分析、光谱分析、颗粒计数等。

(1)常规理化分析。通过对润滑油油液的黏度、闪点、酸值、破乳化度、水分、机械杂质、液相锈蚀试验、抗氧化安全性等各项主要性能指标的检验分析,可以准确地掌握润滑油本身的性能信息,也可以大概地了解到机组轴承、密封的工作状况。

(2) 通过对油液中不溶物质、主要是微小固体颗粒所进行的铁谱分析、光谱分析、颗粒计数。不仅可以定性,而且可以定量地测定磨损颗粒的元素成分及含量,以及大小颗粒各自所占的浓度。其中,光谱分析能够迅速、准确、简便地测定出金属或非金属颗粒的元素成分及含量,但是对大颗粒(大于 $5\ \mu m$)测定的准确性会降低,尤其是不能进行磨粒的大小颗粒计数。尽管铁谱分析只能够在一定程度上对化学元素进行定性、定量分析,但是,铁谱分析仪(具体有分析式、直读式、在线式、旋转式)能够定量地测出含铁大小磨粒各自数量的象征性读数 DL、DS,即大、小磨粒各自所占的浓度,而且通过铁谱显微镜等还能够观察到磨损颗粒具体的形貌、尺寸,从而可以对磨粒的来源、产生的原因以及零部件当前磨损的程度进行科学的分析与诊断。因为,正常磨损的磨粒为鱼鳞状,表面光滑,周边圆滑,长轴尺寸为 $0.5\sim15\ \mu m$(多数小于 $5\ \mu m$),厚 $0.15\sim1\ \mu m$,长轴与厚度之比为 $3\sim10$;而非正常磨损磨粒的形貌则由于不同的产生原因分别形成带状、球状、晶体型层状、螺旋状、弯曲状等,表面有划痕,周边不圆滑或有锐利的棱边,磨粒的尺寸(除了滚动轴承疲劳磨损的球状磨粒直径为 $1\sim5\ \mu m$ 外)均大于 $5\ \mu m$,多数在 $20\ \mu m$ 以上,较为严重时大于 $100\ \mu m$,甚至更大,磨粒的长轴与厚度之比降低,大磨粒浓度 DL 读数与小磨粒浓度 DS 读数之差显著增大。总之,根据元素成分和浓度来判断哪些零部件(如轴颈、轴承、油封、浮环、机械密封、齿轮、齿式联轴器等)发生了非正常磨损,根据大小磨粒的浓度以及磨粒的形貌、尺寸来判断其当前的磨损程度。

2.2.4 噪声分析法

设备在运行过程中所产生的振动和噪声是反映设备工作状态的重要信息来源,也是进行设备故障检测和故障诊断的主要依据之一。声音的主要特征量为声压、声强、频率、质点振速和声功率等。其中声压和声强是 2 个主要参数,也是测量的主要对象。

噪声监测的一项重要内容就是通过噪声测量和分析来确定设备故障的部位和程度。在进行设备故障定位时首先需要寻找和估计噪声源,进而研究其频率组成和各分量的变化情况,从中提取设备运行状况的信息。识别噪声源的方法主要有:主观评价和估计法、近场测量法、表面振速测量法、频谱分析法、声强法。

(1) 主观评价和估计法。主要依赖人工经验,对噪声源的估计的准确度也因人而异,有时即使有较丰富的经验,也无法对噪声源做定量的量度。

(2) 近场测量法。通常用来寻找机器的主要噪声源,较简单易行。该方法是用声级计在紧靠设备的表面扫描,并根据声级计的指示值大小来确定噪声源的位置。由于测量现场总会受到附近其他噪声源的干扰,一台设备上的被测点又处于设备上其他噪声源的混响场内,所以近场测量法不能提供精确的测量值。这种方法通常用于设备噪声源和发生部位的一般识别或用于精确测定前的粗定位。

（3）表面振速测量法。其原理是根据表面质点的振动速度可以得到一定面积的振动表面辐射的声功率,将振动表面分割成许多小块,测出表面各点的振动速度,然后画出等振速线图,从而可以形象地表达出声辐射表面各点辐射声能的情况以及最强的辐射点。

（4）频谱分析法。与振动信号的分析法类似,是一种识别噪声源的重要方法。对于做往复运动或旋转运动的设备,一般都可以在它们的噪声频谱信号中找到与转速和系统结构特性有关的纯音峰值。因此,通过测量得到的噪声频谱做纯音峰值的分析,可用来识别主要噪声源。但是纯音峰值的频率为好几个零部件所共有,或不为任何一个零部件所独有,这时就要配合其他方法,才能最终判定究竟哪些零部件是主要噪声源。

（5）声强法。声强是指垂直于声波传播方向上单位时间内通过单位面积的声能。声强矢量的方向就是声能传播的方向,它的幅值反映了所传播的声能流的大小。测量设备近旁的声强分布可以了解设备的噪声源分布情况,声强法可以在现场对声源设备进行测量,在测量环境中允许其他噪声源的存在。声强测量法可在现场做近场测量,既方便又迅速。

2.2.5　无损检测技术

无损检测技术是在不破坏或不改变被检物体的前提下,利用物质因存在缺陷而使其某一物理性能发生变化的特点,完成对该物体的检测与评价的技术手段的总称。一个设备在制造过程中可能产生各种各样的缺陷,如裂纹、疏松、气泡、夹渣、未焊透和脱粘等。在运行的过程中,由于应力、疲劳、腐蚀等因素的影响,各类缺陷又会不断产生和扩展。现代无损检测与评价技术,不但要检测出缺陷的存在,而且要对其做出定性、定量评定,其中包括对缺陷的定量测量（形状、大小、位置、取向、内含物等）,以及缺陷对设备的危害程度。无损检测技术常见的分类形式见表 2-2。

表 2-2　无损检测的分类

类　别	主要方法
射线检测	X 射线,γ 射线,高能 X 射线,中子射线,质子和电子射线
声和超声检测	声振动、声撞击、超声脉冲反射、超声透射、超声共振、超声成像、超声频谱、声发射、电磁超声
电学和电磁检测	电阻法、点位法、涡流、录磁与漏磁、磁粉法、核磁共振、微波法、巴克豪森效应和外激电子发射
力学与光学检测	目视法和内窥法、荧光法、着色法、脆性涂层、光弹性覆膜法、激光全息干涉法、泄漏检定、应力测试
热力学方法	热电动势、液晶法、红外线热图
化学分析方法	电解检测法、激光检测法、离子散射、俄歇电子分析和穆斯堡尔谱

2.3　状态监测网络与数据质量

　　数据采集是 PHM 中的重要组成部分。在进行数据采集时往往会用到传感器来测量环境参数和设备运行参数。传感器是一种能够感受被测对象的物理量信息,并将该信息按一定规律转换成电信号或其他所需形式的信息输出的装置。PHM 中常见的传感器测量物理量如表 2-3 所示。

表 2-3　PHM 中常见的传感器测量物理量

领　　域	示　　例
热量	温度(范围、周期、梯度、斜率)、热流密度、散热
电	电压、电流、电阻、电感、电容、电容率、充电、极化、电场、频率、功率、噪声水平、阻抗
机械	长度、面积、体积、速度或加速度、流量、力、扭矩、压力、压强、密度、刚度、强度、方向、气压、声强或声功率、声谱分布
湿度	相对湿度、绝对湿度
生物	pH 值、生物分子浓度、微生物
化学	化学物种、浓度、浓度梯度、反应性、分子量
光/辐射	强度、相、波长、极化、反射率、透过率、折射率、距离、波动、幅值、频率
磁	磁场、通量密度、磁矩、渗透力、方向、距离、位置、流

2.3.1　传感器的选择

　　现在的市场上存在着各式各样的传感器,其原理和使用方法也有所区别。针对测量不同的物体所需要的传感器也应不一样。传感器的选择关系到测量结果的精度以及后续分析的成败。如何选择传感器,应遵循以下基本原则:

　　(1) 根据测量对象和测量环境选择。在进行测量工作之前,需要了解测量物体和测量环境等多方面因素,并对其进行分析。一般情况下,即使是测量同一物体,也会有多种传感器可供选择。使用不同原理的传感器会导致产生不同的结果,进而影响后续的检测/诊断/预测/评估等模型的建立。因此,需要慎重考虑使用哪一种原理的传感器更合适。在进行测量之前需要考虑:量程的大小、被测位置对传感器体积的要求、测量方式为接触式还是非接触式的、信号的引出方法、有线或者非接触测量等。对于部分特殊装备来说,还需要考虑传感器为进口的还是国产自主研发的。除此之外,传感器的单价以及总价也是考虑传感器选用的重要因素。

　　(2) 根据传感器灵敏度选择。在传感器的线性范围内,通常传感器的灵敏度越高越好。只有灵敏度高时,与被测量变化对应的输出信号的值才比较大,有利于信号处理。但是需要注意的是,传感器的灵敏度高,与被测量无关的外界噪声也容易混入,也会被系统放大,影响测量精度。因此,要求传感器本身应具有较高的信噪比,尽量减小从外界引入的干扰信号。传感器的灵敏度是有方向性的。当被测量是单向量,而且对其方向性要求较高时,则应选择其他方向灵敏度小的传感器。如果被测量是多维向量,则要求传感器的交叉灵敏度越小越好。

(3) 判断频率响应特性。传感器的频率响应特性决定了被测量的频率范围,必须在允许频率范围内保持不失真。实际上传感器的响应总是有一定程度的延迟,但是延迟时间越短越好。传感器的频率响应越高越好,可测的信号频率范围就越宽。在动态测量中,应根据信号的特点,如稳态、瞬态、随机响应特性进行选择,以免产生过大的误差。

(4) 根据传感器的线性范围选择。传感器的线性范围是指输出与输入成正比的范围。理论上讲,在此范围内灵敏度保持定值。传感器的线性范围越宽,则其量程越大,并且能保证一定的测量精度。在选择传感器时,当传感器的种类确定以后首先要看其量程是否满足要求。但实际上,任何传感器都不能保证绝对的线性,其线性度也是相对的。当所要求测量精度比较低时,在一定的范围内,可将非线性误差较小的传感器近似看作线性的,这会给测量带来极大的方便。

(5) 根据传感器的稳定性选择。传感器使用一段时间后,其性能保持不变的能力称为稳定性。影响传感器长期稳定性的因素除传感器本身结构外,主要是传感器的使用环境。因此,要使传感器具有良好的稳定性,传感器必须要有较强的环境适应能力。此外,在选择传感器之前,应对其使用环境进行调查,并根据具体的使用环境选择合适的传感器,或采取适当的措施,减小环境对传感器稳定性的影响。传感器的稳定性有定量指标,在超过使用期后,在使用前应重新进行标定,以确定传感器的性能是否发生变化。在某些要求传感器能长期使用而又不能轻易更换或标定的场合,所选用的传感器稳定性要求更严格,要能够经受住长时间的考验。

(6) 传感器的精度选择。精度是传感器的一个重要的性能指标,它是关系到整个测量系统测量精度的一个重要环节。传感器的精度越高,其价格越昂贵,因此传感器的精度只要满足整个测量系统的精度要求就可以,不必选得过高。这样就可以在满足同一测量目的的诸多传感器中选择比较便宜和简单的传感器。如果测量目的是定性分析的,选用重复精度高的传感器即可,不宜选绝对量值精度高的传感器。如果是为了定量分析,必须获得精确的测量值,则需选用精度等级能满足要求的传感器。

除了应遵循以上的基本原则外,在进行传感器的选用时,还应该具体问题具体分析。以测量设备的振动为例,结合工程经验,在进行传感器选择时,可考虑以下影响因素:

(1) 传感器安装到被测件上时,不能影响被测件的振动状态,以此来选定传感器的尺寸和重量及考虑固定在被测件上的方法。若必须采用非接触式测量法时,应考虑传感器的安装场所及其周围的环境条件。

（2）根据振动测定的目的，明确被测量的物理量是位移、速度还是加速度，这些量的振幅有多大，以此来确定传感器的测量范围。对于小振幅的振动，如 0.1 g 左右的振动，宜采用磁电式、伺服式等传感器；一般振幅，如 10 g 以下的振动，各种传感器均可使用；10～1 000 g 的振动采用压电式及应变式等加速度传感器，对于更大的振动或冲击宜采用压电式传感器。

（3）必须充分估计要测定的频率范围，以此来核对传感器的固有频率。从静态到 400 Hz，可采用应变式、伺服式等传感器；0～0.35 kHz，可用应变式、涡流式等传感器；2～1 000 Hz，可采用磁电式等传感器；0.03～20 000 Hz 或更高频率可采用压电式传感器。

（4）掌握传感器结构和工作原理及其特点，熟悉测量电路的性能，如频率、振幅范围、滤波器特性、整流方式和指示方式等。

2.3.2　数据获取的困难

工业领域数据匮乏的现状已经成为制约技术落地的重要瓶颈。随着智能传感技术与计算机通信技术的发展，对设备采集多种类的信息已经越来越容易。然而，这并不意味着获取复杂关键装备的智能运维所需的数据轻而易举。考虑到数据存储和信息通信、设备结构复杂性、环境干扰和人为、数据时序性等方面的因素，对于智能运维和健康管理来说，在数据获取方面还存在一定的困难，这些困难主要有如下原因：

（1）数据存储系统不同和通信协议不标准。对于互联网数据而言，通常可通过 HTTP 协议进行数据采集。但是在工业领域，数据会出现通过 ModBus、OPC、CAN、ControlNet、DeviceNet、Profibus、ZigBee 等各类型的工业协议进行传输，而且各个自动化设备制造商及集成商还会自己开发各种私有的工业协议，导致在工业协议的互联互通上出现了极大的难度。有时必须通过外加传感器来解决对数据的采集问题，但是有时外加的传感器受限于设备结构或者自身响应等问题，致使不能得到设备的"一手"数据，进而对进行智能运维中相关的分析产生了困难。

（2）数据传输带宽巨大，导致大量的原始数据无法直接存储。除了通过传感器获取的二维信号可以进行智能运维，在一些领域也可以通过图像或者视频的方式进行故障诊断和评估。相较于二维信号而言，视频传输所需带宽巨大。以往视频数据传输主要在局域网中进行，此时带宽的影响不是很大。但随着云计算技术的普及和公有云的兴起，大数据需要大量的计算资源和存储资源，因此将工业大数据逐步迁移到公有云已经是大势所趋。但是，一些工业企业可能会有几十路视频，成规模的企业会有成规模的视频，大量的视频文件如何通过互联网顺畅地传输到云端，也是数据高效获取的困难之一。此外，通常数据在边缘层的存储能力相对而言比较有限，有大量的工业数据在边缘端经过了数据清洗再传输到云端，在此过程中不免会出现有效信息丢失的情况，进而降低了获取的数据的有效性。

（3）由于设备结构复杂性以及使用环境造成的数据采集困难。由于工业设备的功能集成度越来越高，设备结构的复杂性也大幅度提升。一些设备商从商业安全等角度出发，对关键部件和结构进行了封装，这就为监测这些部件的状态带来了一定的难度，采集到的信号中干扰噪声过多。此外，一些装备的关键部件在进行产品加工时会内嵌到产品中并在空间位置上不断变化，这就对监测造成了一定程度的影响。设备的使用环境也是一项重要的考虑因素，如对水下设备进行监测的传感器受限于水下压力、水流、波浪、密封、防腐等问题，其中有些影响因素是动态的，例如波浪在船舶周围的变化非常快，很难或者不可能从一个测点来得到这些数据对船舶整体的影响，进而造成数据获取困难。再如，一些航天设备虽然可以通过遥感与遥测技术与地面进行及时通信，但是当设备运行到地球的某些特定区域时，由于国家和地区因素受限，此时的信号则无法传输到地面。

（4）设备历史数据记录不全面，难以追溯以往异常数据。在智能运维中，通过追溯设备故障历史和维修记录分析设备故障原因是进行设备故障诊断和制定维护决策的重要手段。从反映设备健康状态的趋势图来看，可能真正导致设备出现故障的异常波动在几小时、几天，甚至几个月前就已经发生，但由于历史数据记录不全面，导致故障记录难以追踪。从时间维度来说，对设备的退化进行预测和对剩余寿命进行预测是更高价值且难度更大的分析。在进行预测模型建立时，常常需要将历史数据作为模型输入。然而由于一些企业智能运维介入相对较晚，缺少历史数据，所建立的预测模型往往存在着较大不确定性。

（5）人为因素。在进行智能运维时，专家经验是除状态监测数据外最有用的信息。例如，在制定状态监测方案阶段，专家经验能够快速地指出设备的主要问题，并对监测位置提出建设性的意见。在设备维护维修阶段，维护记录也是分析设备故障的重要依据。然而，这些专家经验并没有很好地"保存"下来。比如一些企业信息化和自动化程度比较差，仍旧存在人工记录维修历史的情况，如果企业的记录规范和标准不统一，那么就会给后期智能运维人员进行梳理时造成极大的困难。此外，由于一些企业存在招工难和留不住现象，一些专家经验并不能很好地传承下来，更没有以可记录和可重复查看的方式记录在系统中，造成了专家经验的缺失。

（6）商业的考虑。出于商业的考虑，有时会存在信息孤岛、有数不能用的情况：①企业不愿共享，将数据作为重要的战略性资源，主观上不愿意共享。②企业不敢共享，数据中含有重要的商业机密，数据共享会造成严重的商业损失，如高铁或轨道交通中的运行数据和一些关键结构。③数据不能共享，由于数据接口不统一，不同机构间的数据难以互联互通，导致数据资产相互割裂。④故意篡改真实数据。有些企业出于商业角度会存在故意篡改真实数据的现象，这在一些设备租赁中会出现此问题。

2.3.3 数据量难以完善

(1) 数据体量不够。智能运维与健康管理的基础是对设备结构和数据的分析，这里的数据包括传感器采集到的状态监测数据、图片、视频、维修记录等多种形式的记录。很多工业设备在进行预测性维护时都会面临一个共性的问题——设备自身的传感器数量不够，很多数据还没形成有效的长期积累。如果设备自身的传感器数量不足，那么可以通过加装传感器的方式来获取更多数据。对于拥有大量需要监测的关键设备来说，随着加装传感器数量的增多，不仅会增加企业的成本，也可能增加设备的复杂程度，对此一些企业望而却步，造成了基础数据不足难以建立有效模型的局面。除了考虑设备自身传感器的多少和传感器的加装，智能运维往往需要融合企业内部各方面和外部相关数据，但是很多企业在数据采集及融合方面尚未完成，这也会导致为制定合理的智能运维和健康管理提供的数据量不足。即使一些企业的信息化和自动化水平比较高，各种相关资源数据也能较为高效地实现共享，企业也有较长时间的数据积累，但是所采集的数据不一定能够成为有效数据。原因在于与设备退化相关的状态监测数据的采样率不符合标准，不能够反映故障特征，即使数据体量非常大，但仍旧为无效数据，对于实际问题并没有太大价值。

(2) 工况不完整、失效模式(即标签数据)不完整。除了数据的体量，还要考虑工况的完整性，以及失效模式(即标签数据)的完整性。以高铁轴承故障预警为例，轴承是关系到高铁安全运行的一个关键部件，在对轴承进行故障建模时，其中重点和难点之一在于变速(进站出站时)情况下，如何准确地对轴承做故障诊断，尤其是在轴承的故障处于早期阶段。要解决这个故障诊断任务，首先必须有变速状态下的失效数据，才能验证技术的可行性。此时相比数据有多大体量，数据的完整性，能否覆盖所有工况显得更为关键。然而现实是设备的故障样本往往很少，因为一旦出现故障，企业一般不会允许其持续运转。因此，出于高可靠性的考虑，往往在设备刚出现故障，或者出现故障前对其进行维护或者替换，造成故障标签数据的缺失。而若想借助于工业大数据的分析技术，建立数据驱动的诊断和预测模型，不仅需要不同转速下健康状态的数据，还需要不同失效模式下的充足故障样本来建立分类模型，但采集不同转速下不同故障数据往往高成本高耗时。

(3) 对标签数据疲于验证。对标签数据疲于验证也是造成有效数据量不足的一个主要原因。通常而言，对标签数据进行验证会带来额外的成本投入，如对风电场的风机维护为例，即使做出设备的故障预测模型，检测到其中部件可能存在的问题，但也需要工业企业配合验证，甚至要停机去检查设备在该部位是否真实存在预测或诊断到的故障，这对一些企业而言是需要大量的时间成本的，因此工业领域的标签数据极为宝贵。

2.3.4　数据质量难以保障

"正确的数据"远比有量无质的"大数据"更好。数据质量直接影响着数据的价值,并且直接影响数据分析的结果以及以此做出的决策的质量。数据的质量可以从 8 个维度进行衡量,每个维度都从一个侧面来反映数据的品相。8 个维度分别是:准确性、精确性、真实性、完整性、全面性、及时性、即时性和关联性。这 8 个维度可以通过构建雷达图来更为形象地说明数据的整体质量。

(1) 数据的准确性。数据的准确性是指数据采集值或者观测值和真实值之间的接近程度,通常也可用误差值作为判断依据,误差越大,准确度越低。数据的准确性是由数据的采集方法决定的。

(2) 数据的精确性。数据的精确性是指对同一对象的测量数据在重复测量时所得到不同数据间的接近程度。精度高,要求数据采集的粒度越细,误差的容忍程度越低。采用的测量方法和手段直接影响着数据的精确性。

(3) 数据的真实性。数据的真实性也叫数据的正确性。数据的正确性取决于数据采集过程的可控程度,可控程度高,可追溯情况好,数据的真实性容易得到保障,而可控程度低或者无法追溯,数据造假后无法追溯,则真实性难以保证。为了提高数据的真实性,采用无人进行过程干涉的智能终端直接采集数据,能够更好地保证所采集数据的真实性,减少人为干预,减少数据造假,从而让数据更加正确地反映客观事物。

(4) 数据的完整性。数据的完整性是从数据采集到的程度来衡量的,是应采集和实际采集到数据之间的比例。对于动态数据,可以从时间轴上去衡量数据采集的完整性。

(5) 数据的全面性。数据的全面性和完整性不同,完整性衡量的是应采集和实际采集的差异,而全面性指的是数据采集点的遗漏情况。

(6) 数据的及时性。数据的及时性是指数据能否在需要的时候得到保证。数据的及时性是数据分析和挖掘及时性的保障。数据的及时性与处理数据的速度和效率有直接的关系。

(7) 数据的即时性。数据的即时性是指数据采集时间节点和数据传输的时间节点,一个数据在数据源头采集后立即存储,并立即加工呈现,就是即时数据,而经过一段时间之后再传输到信息系统中,则数据即时性就稍差。

(8) 数据的关联性。数据的关联性是指各个数据集之间的关联关系。

早在 2015 年,李杰教授在《工业大数据》一书中提出——工业大数据应用的"3B"挑战,分别是 Broken(碎片化)、Bad Quality(质量差)和 Background(背景相关)。其中数据质量问题在智能运维与健康管理的模型建立中尤为突出。在构建智能运维与健康管理过程中的所需的数据在上述 8 个维度方面的表现参差不齐,整体上表现不佳。例如,在进行故障诊断时可通过分析设备的振动信号发现设备是否存在异常,而如果错误地选择采样频率,则可能由于信号的分辨率过低造成数据无法使用的问题。再如,数据丢失或遗漏是工业大数据中常面临的问题,例如要求每小时采集 1 次的数据每天应该会形成 24 个数据点,记录为 24 条数据,但是由于某些原因,如设备意外停电、传感器突然失效,造成只记录了 20 条,那么这个数据也是不完整的。再如一个生产设备的仪表即时反映着设备的温度、电压、电流、气压等数据,这些数据生成数据流,随时监控设备的运行状况,这个数据可以看作是即时数据。而当设备的即时运行数据存储下来,用来分析设备运行状况与设备寿命的关系,这些数据就成为历史数据。再如,维修记录作为历史数据知识的重要载体,以及数据标签的重要依据,其质量往往也难以保证。对于大多数工业企业而言,设备的维护记录大多是靠人工手写,记录时间不准确,即使是使用电子化系统来做,设备到底发生了什么问题往往记录不准确,记录不规范、不详细现象比比皆是。

第3章

故障与异常判别技术

3.1 基于机理模型的故障判别技术

机械设备(包括可靠性极高的重大技术装备)经过长时间的运行都会出现不同程度和形式的失效。重大技术装备是指装备制造业中技术难度大、成套性强，对国民经济具有重大意义、对国计民生具有重大影响，需要组织跨部门、跨行业、跨地区才能完成的重大成套技术装备。重大装备是国之重器，事关综合国力和国家安全。对重大装备进行状态监测和故障诊断可以提高装备的可靠性，实现由"事后维修"到"预知维修"的转变，保证产品的质量，避免重大事故的发生，降低事故危害性，从而获得潜在的巨大经济效益和社会效益。对于重大装备的故障诊断，最根本的问题在于故障机理分析。所谓故障机理，就是通过理论或大量的试验分析得到反映设备故障状态信号与设备系统参数之间联系的表达式，据此改变系统的参数可改变设备的状态信号。设备的异常或故障是在设备运行中通过其状态信号(二次效应)变化反映出的。因此，通过监测在设备运行中出现的各种物理、化学现象，如振动、噪声、温升、压力变化、功耗、变形、磨损和气味等，可以快速、准确地提取设备运行时二次效应所反映的状态特征，并根据该状态特征找到故障的本质原因。

机械装备故障的产生原因多种多样。本节将简要介绍几种重大装备的典型故障的定义、故障机理以及可能产生的严重后果。这些故障因素使得大型设备的故障发生概率显著提高，故障轻微时导致设备停工检修造成经济损失，故障严重时可能危及人员生命安全，甚至引发灾难性事故，带来无可估量的灾难性后果。

3.1.1 典型故障模式

机械设备和重大技术装备的典型故障模式包含：磨损故障、裂纹故障、碰摩故障、不平衡故障、不对中故障、失稳故障、喘振故障、油膜涡动及振荡故障、轴电流故障、松动故障等。

（1）磨损故障。磨损故障是机械装备在使用的过程中，由于摩擦、冲击、振动、疲劳、腐蚀和变形等造成的相应零部件的形态发生变化，功能逐渐（或突然）降低以致丧失的现象。如图3-1所示为发生磨损故障的航空发动机滚动轴承。磨损故障是重大装备故障中最普遍的故障之一，有70%～80%的装备故障是由各种形式的磨损所引起的。按照摩擦表面破坏的机理和特征可以将磨损故障分为磨粒磨损故障、黏着磨损故障、疲劳磨损故障、腐蚀磨损故障以及微动磨损故障。磨损故障严重时将产生灾难性的后果。根据我国民航局统计，仅在1998年某一个月内由于齿轮、轴承以及密封件等部件的异常磨损就造成了5起飞机发动机的停车甚至提前换发事故。

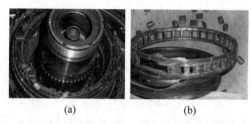

(a)　　　　　(b)

图3-1　航空发动机滚动轴承磨损故障
(a) 主轴承磨损故障；(b) 小轴承磨损故障

（2）裂纹故障。裂纹故障是指零部件在应力或环境的作用下，其表面或内部的完整性或连续性被破坏产生裂纹的一种现象。已经形成的裂纹在应力和环境的作用下，会不断成长，最终扩展到一定程度从而造成零部件的断裂。按照裂纹的形态，可以将裂纹分为闭裂纹、开裂纹和开闭裂纹。一方面，即便生产力已经得到了长足的发展，现代生产工艺尚不能保证机械产品结构件中没有裂纹等缺陷；另一方面，随着重大装备朝着高性能化、复杂化和进一步大型综合化发展，其重要零部件在使用过程中，在长期的机械载荷、交变应力、环境温度和各类腐蚀条件的影响下，金属结构件中产生裂纹的概率急剧上升。

对于复杂的重大装备，初始的微小裂纹不易被发现，然而在恶劣运行环境下微小裂纹进一步扩展将会导致结构的断裂，造成极大的财产损失甚至导致灾难性的事故。2003年，美国"哥伦比亚"号航天飞机失事的原因是在飞行过程中，一块质量不到2kg的泡沫材料从机身下部的燃料箱上脱落后，击中了航天飞机的左翼前端并使得左翼上产生了两条裂纹（图3-2），裂纹扩展发生断裂，最终导致了飞机的解体。

（3）碰摩故障。碰摩故障常发生在汽轮发动机、涡轮发动机、压缩机和离心机等大型旋转机械转子系统中，是引起重大装备故障的主要原因之一。按照机组发生碰摩故障的碰摩方向分类,可以将碰摩故障分为径向碰摩、轴向碰摩和组合碰摩(图 3-3)。

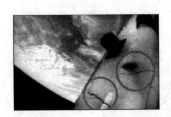

图 3-2　哥伦比亚号航天飞机失事前左翼裂纹

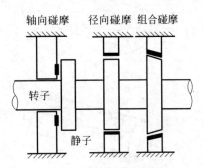

图 3-3　碰摩故障的类型

碰摩故障产生的原因是转子某处的变形量和预期振动量相加大于预留的动静间隙,从而使得转子和静子发生摩擦。随着重大装备对运行速度提出了更高的要求以及重大装备中复杂系统的耦合,这些因素使得装备中转子和静子之间的间隙越来越小,进一步提升了碰摩故障发生的概率。当装备发生碰摩故障时,转子和静子之间的间隙增大,从而引发密封件、转轴、叶片等的弯曲和变形,产生异常的振动,严重时将激发大幅度、高频率的振动,造成严重的装备损毁事故。1994—1995 年间,由碰摩故障引发的发动机涡轮封严环故障,最终导致了 4 架 F16 战斗机失事,399 台发动机因此直接或间接停车。此外,据统计,在国内 200MW 汽轮机组事故中,80% 左右的弯轴事故都是由转轴碰摩故障引起的。

（4）不平衡故障。不平衡故障是指大型旋转装备中,转子受材料、质量、加工、装配以及运行中多种因素的综合影响,其质量中心和旋转中心线之间存在一定的偏心现象,使得转子在工作时形成周期性的离心力干扰,从而引起的机械振动甚至导致机械设备的停工和损毁现象。不平衡故障常常发生于旋转机械设备中。据有关统计,实际发生的汽轮发电机组振动故障中,由转子不平衡造成的约占 80%。转子不平衡是旋转机械最常见的振动故障,发生概率占总故障率的1/3 以上。

转子不平衡按发生过程可分为初始不平衡、渐发性不平衡和突发性不平衡。转子的不平衡又可细分为静失衡、偶失衡、准静失衡、动失衡 4 种情况。如图 3-4 所示,静失衡为质心线平行偏离轴线;偶失衡为质心线与轴线相交于质心;准静失衡为质心线与轴线在质心外相交;动失衡为质心线与轴线在空间上没有交点。实际转子绝大多数为既存在静失衡又存在偶失衡的动失衡,即动不平衡。

引发旋转机械装备不平衡故障的原因有很多种,包括转子的结构设计不合理、机械加工质量偏差、材质不均匀、运动过程中相对位置的改变、转子部件的缺损和

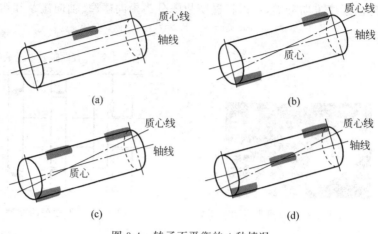

图 3-4　转子不平衡的 4 种情况
（a）静失衡；（b）偶失衡；（c）准静失衡；（d）动失衡

零部件的局部损坏、脱落等，如图 3-5 所示为典型转子质量不平衡故障的转子质心空间分布曲线。不平衡故障严重时会造成破坏性事故。1984 年以来，国内先后发生了多起汽轮发电机不平衡故障导致的发电机组毁灭性损坏，同时也造成了工作人员的伤亡。

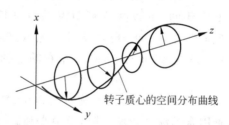

转子质心的空间分布曲线

图 3-5　转子质量不平衡故障的转子质心空间分布曲线

　　(5) 不对中故障。不对中故障是指机械设备在运行状态下，转子与转子之间的连接对中超出正常范围，或者转子轴颈在轴承中的相对位置不良，不能形成良好的油膜和适当的轴承负荷，从而引发机器振动或联轴节、轴承损坏的现象。如图 3-6 所示，根据不对中故障的形式，可以将不对中故障分类为角度不对中故障、平行不对中故障和综合不对中故障。不对中故障是非常普遍的，旋转机械故障的 60% 是由转子不对中引起的。引发不对中故障的原因很多，包括初始安装误差、工作中零部件热膨胀不均匀、管道力作用、机壳变形或移位和转子弯曲等。不对中故障将导致系统产生轴向、径向交变力，引起结构的轴向振动和径向振动，从而进一步加剧系统的不对中程度。当不对中程度过大时，可能引起诸多种类的设备损伤，严重时甚至会产生连锁反应导致重大灾难事故，造成极大的人员财产损失。曾经我国某试飞用发动机就由于转子系统发生不对中故障引起振动造成零部件被打伤，导致空中停车，产生了较大的经济损失。

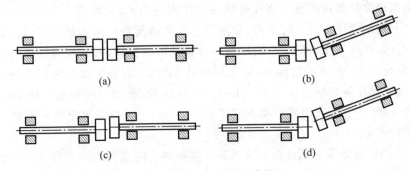

图 3-6　不对中故障的分类

(a) 对中状态；(b) 角度不对中状态；(c) 平行不对中状态；(d) 综合不对中状态

(6) 失稳故障。失稳故障是指零部件在运行过程中，由于突然的环境变化或应力作用，失去原有的平衡状态，从而丧失继续承载的能力，最终导致整个机械设备产生振动的现象。图 3-7 所示是发生失稳故障的高压离心压缩机。

近年来，重大装备的工作条件越来越趋向于高频、高功率，在这种运行环境下，装备中轴承、密封、叶片、轴等零部件之间会产生交叉耦合力，这种交叉耦合力使得装备中出现了负阻尼，即随着振动过程的持续，阻尼给装备的振动注入能量，从而使得装备的振动随着时间的延长而不断加剧，最终造成装备的停工或损毁。失稳故障是重大装备的典型故障之一，重大装备产生的失稳故障往往会引起连锁反应，造成重大的经济损失。统计数据显示，油膜失稳振动约占大型汽轮发电机组轴系振动故障的 14%。1972 年，日本某电站机组突发油膜失稳故障，造成了失火机毁的事故，不仅造成了巨大的维修耗资，同时因事故产生的停工也给电厂和电网带来了更为严重的经济损失。

(7) 喘振故障。喘振故障是指在流体机械装备中，当进入叶轮的气体流量减少到某一最小值时，装备中整个流道为气体流量旋涡区所占据，这时装备的出口压力将突然下降，而较大容量的管网系统中压力并不会马上下降，从而出现管网气体向装备倒流的现象。喘振故障是流体机械特有的振动故障之一。图 3-8 所示是易发生喘振故障的双转子涡扇航空发动机。

图 3-7　发生失稳故障的
高压离心压缩机

图 3-8　易发生喘振故障的
双转子涡扇航空发动机

　　喘振故障是装备严重失速和管网相互作用的结果,故障的主要原因包括:装备转速下降而背压未能及时下降、管网压力升高或装备气体流量下降以及装备进气温度升高而进气压力下降。喘振是一种很危险的振动,常常导致设备内部密封件、叶轮导流板、轴承等的损坏,甚至导致转子弯曲、联轴器级齿轮箱等的结构损坏,进而导致装备的损毁或停工。据有关数据统计,航空发动机故障中60%以上由振动引起,其中压气机部件喘振故障占43.3%,喘振故障严重影响着航空事业的发展和进步。

　　(8)油膜涡动及振荡故障。油膜涡动及振荡故障是指当转子轴颈在滑动轴承内做高速旋转运动时,随着运动楔入轴颈与轴承之间的油膜压力发生周期性变化,迫使转子轴心绕某个平衡点做椭圆轨迹的公转运动的现象,如图3-9所示。

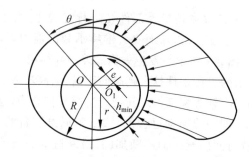

图3-9　典型滑动轴承油膜压力分布

　　当涡动的激励力仅为油膜力时,涡动是稳定的。其涡动角速度是转动角速度的0.43~0.48。当油膜涡动的频率接近转子轴系中某个自振频率时,将引发大幅度的共振现象,称为油膜振荡。油膜涡动仅发生在完全液体润滑的滑动轴承中。低速及重载的转子无法建立完全液体的润滑条件,因而不会发生油膜涡动及振荡故障。油膜振荡是大型机电装备出现重大故障的主要原因之一。由于油膜振荡会激发大幅度的共振现象,产生与转轴达到临界转速时同等或更加剧烈的振幅,因此油膜振荡会导致高速旋转机械的故障,严重时甚至导致整台机组的完全破坏,产生巨大的经济损失。例如1985年12月29日我国山西某电厂一台200MW发电机由于油膜振荡在40s内全部损坏,直接经济损失达1000万元以上。

　　(9)轴电流故障。轴电流故障是指重大装备的转子在高速旋转的过程中,一旦转子带电,其建立的对地电压升高到某一数值时,电阻最小区域的绝缘通路被击穿,发生电火花放电的现象。轴电流故障引起的装备元件损伤较早在涡轮发电机组的运行中被发现,轴电流故障除了由外部对转子施加一定电位产生以外,大多数则是由各种因素感应产生。轴电流故障是威胁重大装备机组长期安全运行的严重问题,其对机组的推力轴承、主轴承、联轴器、密封以及传动齿轮等进行电火花放电机械侵蚀,损伤金属表面,破坏油膜形成,从而使得装备零部件的摩擦加剧,最终造成装备的严重破坏。图 3-10 所示是轴电流故障引起的轴承故障损伤。据某公司统计,在监测到的风力发电机轴承故障中,轴电流故障占比达 40%~50%。

图 3-10 轴电流故障引起的轴承故障损伤
(a)轴承轴电流的故障损伤图;(b)轴电流引起的腐蚀坑

(10) 松动故障。松动故障是指装备在连续运行状态下,过大的振动导致其连接状态发生变化,连接结构出现松动,使得装备不能正常工作的现象。图 3-11 所示为转子系统松动故障原理示意。

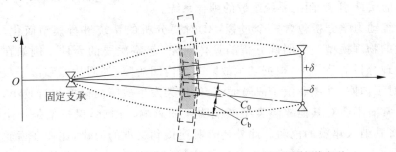

δ:松动量 C_0:由松动引起的变形 C_b:由不平衡引起的变形

图 3-11 转子系统松动故障原理示意图

松动故障是重大装备常见的故障之一。装备发生松动故障的主要原因有外在激振力的作用、装配不善、预紧力不足等。对于旋转机械而言,松动故障将降低系统的抗振能力,使原有的不平衡、不对中所引起的振动更加强烈,严重时可能引起动静件的碰撞、摩擦,甚至引发灾难性事故,造成巨大的经济损失。2007 年 8 月 20 日,"华航"波音客机在冲绳那霸机场着陆后起火爆炸,调查表明机翼内部一颗松动的螺栓是起火爆炸的罪魁祸首。

3.1.2 典型故障机理建模

导致机械设备故障的因素和模式异常复杂,通常可以表述为在故障因素的影响下,通过故障机理的作用,最后以某些故障模式展现出来。故障因素是全部可能导致机械设备故障的因素的集合。故障机理是指在应力和时间的条件下,导致发生故障的物理化学或机械过程等。故障模式是故障的表现,并不揭示故障的实质原因。对于机械设备的故障诊断问题,最根本的是故障机理分析。

1. 故障机理分析的一般过程

重大装备故障往往由关键部件故障引起。在设备运行过程中,通常可以根据传感器采集到的数据,挖掘数据体现出的行为模式来判断设备的健康状态并做出诊断。传感器获取的数据是设备运行状况的宏观表现。要对宏观表现的数据作合理的解释就需要深入到设备元件的层次对设备内部进行动力学分析。由于目前尚无技术手段在设备运行过程中对元件表面层的状态进行实时监控,所以对表面层的分析仅停留在静态情况下对材料本身物理化学性质的研究上。那么在实际应用的层面,对设备元件进行动力学分析就成了最为合适且可行的选择。系统动力学分析法是机械设备故障机理分析的主要方法。

系统动力学分析是将设备内部每个元件视为拥有一定质量且在弹性极限内可发生连续弹性变形的弹性体。元件与元件之间或元件与机架之间以运动副的形式连接。对某个元件而言,其他元件或机架提供支承和阻尼,那么该元件及其支承或约束环境就组成了一个单一的质量-弹簧-阻尼系统。一个复杂的设备可以看作多个单一的质量-弹簧-阻尼系统组成的耦合系统。

系统动力学分析包含三个过程:①对要分析的系统进行模型简化,建立一个合适的物理模型。要明确分析的具体对象,忽略次要的元件。例如在对轴承故障机理分析的建模中,根据轴承故障多为内圈故障、外圈故障和滚子故障的事实,相对于内圈、外圈和滚子故障而言,保持架发生故障的概率相对较小,且当保持架正常时不会对其他故障类型产生明显的影响。因此,保持架是一个次要元件,不将其纳入建模的范畴。此外还有对连接和支承的简化,比如在齿轮箱的振动系统动力学分析中,要建立一个完整描述齿轮啮合过程的非线性振动模型非常困难,通常情况下是将齿轮副简化为弹簧阻尼连接关系。在考虑了对齿顶间隙和齿根间隙的良好设计情况下,这种简化可与平稳啮合的实际情况贴合。②对总体的系统载荷分析和单一质量-弹簧-阻尼系统的载荷分析,这属于理论力学的范畴;确定模型中的参数,需要结合分析对象的具体形状和材料属性进行质量等效、刚度等效,计算出等效质量和等效刚度,这属于材料力学的范畴。③根据需要研究的故障模式,合理假设动载荷,作为系统激励输入,并根据达朗贝尔原理得到单一质量-弹簧-阻尼系统和整体质量-弹簧-阻尼系统的系统动力学方程,进行求解与分析。

对总体系统的载荷分析可以研究系统对不同输入激励的响应;而对单一质量-弹簧-阻尼系统的载荷分析可以研究不同故障模式、不同故障位置、单点甚至多点复合故障模式的响应,寻找其中的规律。其中,难点主要在两个方面:①不同故障模式的动态载荷的合理假设;②多元二阶非齐次微分方程或方程组的求解。不同的故障模式的动载荷并不相同,不能简单地假设为冲击。这个问题的解决可以通过试验的方式获得某一类故障模式的故障信号,再基于信号调制边频带的情况对可能的调制模式做出一定的假设,通过实验反复验证假设后再确定动载荷的模式。

通常情况下,结合信号频率成分的分析以及信号传递路径的分析,可以为动载荷模式的假设提供指导性的思路。行星轮中信号啮合频率及信号传递路径的分析就是最典型的例子。求解多元二阶非齐次微分方程或方程组则可以借鉴已有的数学研究成果,根据故障模式及动载荷的模式合理假设方程的特解和通解形式,再根据边界条件寻求通解。通常情况下,过于复杂的系统难以得到精确的解析解,此时可以将系统动力学方程转化为离散状态空间方程,并利用计算机对复杂系统进行数值化求解。

2. 单盘转子偏心质量的动力学分析

如图 3-12(a)所示力学模型,垂直轴两端简支,轴的质量忽略不计,质量为 m 的圆盘固定在轴的中间,如图 3-12(b)所示为转子的俯视图,C 是圆盘质心,D 是圆盘形心,O 是旋转中心,偏心距 $CD=e$;该圆盘静止时,形心 D 与 O 重合。转子以角速度 ω 匀速转动时,由于惯性力作用会使轴产生弯曲,此时轴的动挠度 $OD=f$。

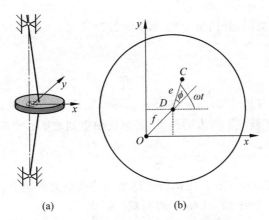

(a) (b)

图 3-12　单盘转子力学模型与运动学模型

假设轴沿 x、y 方向的横向刚度系数都等于 k,材料力学中圆柱界面的刚度系数通过计算或者查表可得 $k=48EJ/l^3$,其中,EJ 为梁的抗弯刚度,l 为梁的长度,黏性阻尼力正比于圆盘形心 D 的速度,按图 3-12(b)设立的坐标系,形心 D 的坐标为 (x,y),质心 C 的坐标为 $(x+e\cos(\omega t),y+e\sin(\omega t))$,由质心运动定理得到 x、y 方向的运动微分方程

$$\begin{cases} m\dfrac{\mathrm{d}^2}{\mathrm{d}t^2}[x+e\cos(\omega t)]=-kx-c\dot{x} \\[2mm] m\dfrac{\mathrm{d}^2}{\mathrm{d}t^2}[y+e\sin(\omega t)]=-ky-c\dot{y} \end{cases}$$

(3-1)

整理可得

$$
\begin{cases}
m\ddot{x} + c\dot{x} + kx = me\omega^2 \cos(\omega t) \\
m\ddot{y} + c\dot{y} + ky = me\omega^2 \sin(\omega t)
\end{cases}
\tag{3-2}
$$

由式(3-1)可知,激振力(离心惯性力)振幅会随转动速度发生线性变化。对式(3-2)进行求解可得式(3-3)

$$
\begin{cases}
x = e\beta \cos(\omega t - \phi) \\
y = e\beta \sin(\omega t - \phi)
\end{cases}
\tag{3-3}
$$

其中,β 为幅频响应。

根据三角关系,式(3-3)可变换为式(3-4)

$$
x^2 + y^2 = (e\beta)^2
\tag{3-4}
$$

在确定转速下,存在偏心质量的转子形心轨迹是一个圆。挠度 f 可写成

$$
f = \sqrt{x^2 + y^2} = e\beta = \frac{e\lambda^2}{\sqrt{(1-\lambda^2)^2 + (2\xi\lambda)^2}}
\tag{3-5}
$$

其中,$\lambda = \dfrac{\omega}{\omega_n}$,$\omega_n = \sqrt{\dfrac{k}{m}}$,$\xi = \dfrac{c}{2m\omega_n}$。

考虑两种特殊情况,分别是 $\lambda = 1$ 和 $\lambda \gg 1$,$\beta \approx 1$,$\phi \approx \pi$:

当 $\lambda = 1$ 时,

$$
f = \frac{e}{2\xi}
\tag{3-6}
$$

此时动挠度具有式(3-6)的简单形式。可以发现,如果阻尼比很小,即使偏心距很小,也可能使转轴产生较大的挠度,进而使轴遭到破坏。对应的转速

$$
n_k = \frac{60\omega_k}{2\pi} = \frac{30}{\pi}\sqrt{\frac{k}{m}}
\tag{3-7}
$$

称为临界转速,单位是 r/min。任何转子都不允许在临界转速附近工作。

当 $\lambda \gg 1$,$\beta \approx 1$,$\phi \approx \pi$ 时,式(3-3)可写成

$$
x^2 + y^2 \approx e^2
\tag{3-8}
$$

此时,质心 C 与旋转中心 O 重合,这种现象称为自动定心。

3. 单盘转子裂纹故障机理分析

转轴在设计制造、安装及运行过程中,由于材质不良、应力集中或机器频繁启动、升速升压过猛等原因,使得转轴长期受交变应力作用,从而产生横向裂纹。力学原理表明,裂纹的发生和扩展减小了转子的刚度。在转子运行过程中,由于裂纹区所受的应力状态不同,转轴的横向裂纹呈现张开、闭合和时张时闭三种情况:①当裂纹完全处于转轴压缩一侧时,裂纹完全闭合,此时与无裂纹转轴刚度完全相同;②当裂纹区域所受的拉应力大于自重载荷时,裂纹全部张开,轴的刚度取决于裂纹截面形状与尺寸,系统在一定的工作转速下振幅和相位都会发生变化;③裂纹时开时闭时,转轴刚度取决于张开截面所引起的刚度变化,该情况较为复杂。

1) 裂纹系统动力学模型

以一简化的单盘对称转子系统为研究对象,两端由滑动轴承支撑,两轴承之间

为一无质量的弹性轴,在轴的中间有一横向裂纹,如图 3-13(a)所示。O_1 为轴承内瓦几何中心,O_2 为转子几何中心,O_3 为转子质心。O_1xy 为固定的直角坐标系,$O_2\xi\eta$ 为固定在圆盘上并与圆盘一起运动的动坐标系,$O_2\xi$ 为裂纹开口的方向,如图 3-13(b)所示。m 为圆盘的偏心质量,e 为偏心距,裂纹偏角为 β(裂纹方向与不平衡量之间的夹角)。

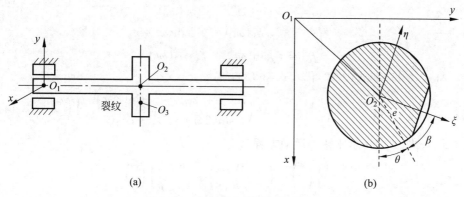

(a)　　　　　　　　　　　(b)

图 3-13　裂纹转子系统动力学模型

2) 裂纹刚度模型

针对裂纹转子建立裂纹模型,多数采用方波函数和余弦函数模型表示裂纹的开闭特性,也有部分学者提出了将方波模型和余弦模型统一起来,描述裂纹开闭及其过渡过程的综合模型。考虑到裂纹张开和闭合的突变性,以方波模型为例描述裂纹的运动特性。

设弹性轴无裂纹时的刚度系数为 k,裂纹存在时裂纹方向刚度系数为 k',其值与裂纹尺寸有关,Δk 为刚度变化比值。由于垂直裂纹方向刚度影响不大,故可认为与无裂纹时刚度相同。裂纹轴在运动过程中,刚度变化可以用式(3-9)描述,裂纹完全闭合及完全张开时分别对应 $\xi<0$ 和 $\xi>0$ 的情形:

$$k' = \begin{cases} k, & \xi < 0 \\ k(1-\Delta k), & \xi > 0 \end{cases} \tag{3-9}$$

3) 裂纹转子动力学方程

对简化的裂纹转子系统进行受力分析,可以建立系统的基本动力学方程,统一为矩阵形式见式(3-10):

$$\begin{pmatrix} m & 0 \\ 0 & m \end{pmatrix}\begin{pmatrix} \ddot{x} \\ \ddot{y} \end{pmatrix} + \begin{pmatrix} c & 0 \\ 0 & c \end{pmatrix}\begin{pmatrix} \dot{x} \\ \dot{y} \end{pmatrix} + \begin{pmatrix} k_{11} & k_{12} \\ k_{21} & k_{22} \end{pmatrix}\begin{pmatrix} x \\ y \end{pmatrix} = \begin{pmatrix} me\omega^2\cos(\omega t+\beta) \\ me\omega^2\sin(\omega t+\beta) - mg \end{pmatrix}$$

$$\tag{3-10}$$

在转动坐标系下,假设裂纹轴在 ξ 和 η 方向受力分别为 f_ξ 和 f_η,显然,$k_\xi = k(1-\Delta k)$,$k_\eta = k$。那么,两方向上受力见式(3-11):

$$\begin{cases} f_\xi = k_\xi \xi = k(1 - \Delta k)\xi \\ f_\eta = k_\eta \eta = k\eta \end{cases} \tag{3-11}$$

在固定坐标系下,假设裂纹轴在 x、y 方向受力分别为 f_x、f_y,则与转动坐标系的转换关系为

$$\begin{cases} \xi = x\cos(\omega t) + y\sin(\omega t) \\ \eta = -x\sin(\omega t) + y\cos(\omega t) \end{cases} \tag{3-12}$$

$$\begin{cases} f_x = f_\xi \cos(\omega t) - f_\eta \sin(\omega t) \\ f_y = f_\xi \sin(\omega t) + f_\eta \cos(\omega t) \end{cases} \tag{3-13}$$

将式(3-11)和式(3-12)代入式(3-13),得

$$\begin{pmatrix} f_x \\ f_y \end{pmatrix} = \begin{pmatrix} k & 0 \\ 0 & k \end{pmatrix} \begin{pmatrix} x \\ y \end{pmatrix} - \frac{1}{2}k\Delta k \begin{pmatrix} 1 + \cos(2\omega t) & \sin(2\omega t) \\ \sin(2\omega t) & 1 - \cos(2\omega t) \end{pmatrix} \begin{pmatrix} x \\ y \end{pmatrix} \tag{3-14}$$

代入式(3-10),总体转子运动方程为

$$\begin{pmatrix} m & 0 \\ 0 & m \end{pmatrix} \begin{pmatrix} \ddot{x} \\ \ddot{y} \end{pmatrix} + \begin{pmatrix} c & 0 \\ 0 & c \end{pmatrix} \begin{pmatrix} \dot{x} \\ \dot{y} \end{pmatrix} + \begin{pmatrix} k & 0 \\ 0 & k \end{pmatrix} \begin{pmatrix} x \\ y \end{pmatrix} -$$

$$\frac{1}{2}k\Delta k \begin{pmatrix} 1 + \cos(2\omega t) & \sin(2\omega t) \\ \sin(2\omega t) & 1 - \cos(2\omega t) \end{pmatrix} \begin{pmatrix} x \\ y \end{pmatrix}$$

$$= \begin{pmatrix} me\omega^2 \cos(\omega t + \beta) \\ me\omega^2 \sin(\omega t + \beta) - mg \end{pmatrix} \tag{3-15}$$

4. 单盘转子碰摩故障机理分析

旋转机械中转子与静子碰摩是指转子振动超过许用间隙时,发生的转子与静子接触的现象。引发转子系统碰摩故障的原因有很多,如转子不平衡和不对中、轴的挠曲和裂纹、转静子间隙过小、温度变化和流体自激振动等。碰摩是涡轮发动机、压缩机和离心机等大型高速旋转机械转子系统的常见故障之一,也是引起机械系统失效的主要原因之一。转子与静子发生摩擦时,将造成转子和静子之间间隙增大,密封磨损,系统出现异常振动等,使机械效率严重降低。

碰摩过程是一种典型的非光滑、强非线性问题,振动信号中不仅包括周期分量,也包括拟周期和混沌运动。碰摩系统的动力学响应还与转子、静子和支承部件的材料及力学特性有关。因此,合理地建立碰摩转子系统的动力学模型,在此基础上进行动力学分析,深入研究具有各种非线性特征的转子系统碰摩时发生的振动特性,能够揭示转子系统的运动规律,改善系统动力学特性,为设备安全、稳定运行提供技术保障,为转子系统故障诊断和优化设计提供理论依据。由于转子系统的径向间隙一般比轴向间隙小,因此径向碰摩发生概率较高。合理建立径向碰摩模型是对碰摩转子系统响应进行动力学分析的前提。

1) 碰摩系统动力学模型

图 3-14(a)所示为含有碰摩故障的简化对称支承转子-轴承系统,O_1 为定

子的几何中心，O_2 为转子的质心，转子等效集中质量为 m，k_c 为静子径向刚度系数，k 为弹性轴刚度系数。当转子轴心位移大于静止时转子与静子间隙时将发生碰摩。简化碰摩转子系统，不考虑摩擦热效应，并假设转子与静子发生弹性碰撞，其转子局部碰摩力模型如图 3-14(b)所示，此时，既有接触法向上的互相作用力，即法向碰摩力 F_n，又有两者相对运动在接触面上的切向作用力，即切向摩擦力 F_τ，φ 为碰摩点与 x 轴夹角，e 为转子轴心位移，ω 为转子转动角速度。

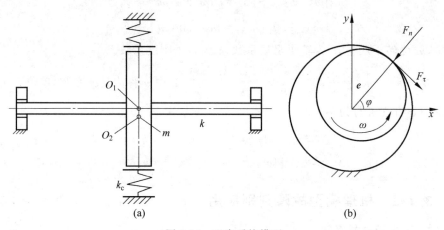

图 3-14　碰摩系统模型

2) 碰摩力模型

碰摩动力学研究中，应根据研究的需要和工程的实际情况，选择合适的碰摩力模型，主要从法向和径向两方面对碰摩力模型进行分析。分段线性碰摩力模型是目前广泛使用的碰摩力模型之一，其将转子与静子的碰摩过程用分段线性弹簧来描述，并将弹簧刚度定义为碰撞刚度，法向碰摩力可以表示为

$$F_n = \begin{cases} k_c(e-\delta), & e \geqslant \delta \\ 0, & e < \delta \end{cases} \tag{3-16}$$

式中，e 为转子的径向位移，$e = \sqrt{x^2 + y^2}$；x 和 y 分别为转子质心在 x 和 y 方向的位移；δ 为静止时转子与静子间隙；k_c 为碰摩刚度系数。

碰摩过程除了碰撞过程外，还包括摩擦过程。摩擦可能会阻碍转子系统的运动，造成旋转机械能量损失。线性库仑摩擦力模型由于形式简单，近似效果较好，是计算切向摩擦力时最常用的模型。线性库仑力模型的切向摩擦力为

$$F_\tau = f F_n \tag{3-17}$$

式中，f 为转子和静子间的摩擦系数，碰摩力在 x 和 y 方向的分量可表示为

$$\begin{cases} F_x = -F_n\cos\varphi + F_\tau\sin\varphi \\ F_y = -F_n\sin\varphi - F_\tau\cos\varphi \end{cases} \tag{3-18}$$

式中，$\sin\varphi = y/e$，$\cos\varphi = x/e$，再结合式(3-16)、式(3-17)和式(3-18)可得

$$\begin{cases} \begin{pmatrix} F_x \\ F_y \end{pmatrix} = -\dfrac{e-\delta}{e} k_c \begin{pmatrix} 1 & -f \\ f & 1 \end{pmatrix} \begin{pmatrix} x \\ y \end{pmatrix}, & e \geqslant \delta \\ F_x = F_y = 0, & e < \delta \end{cases} \tag{3-19}$$

3) 碰摩转子系统的动力学方程

对简化的碰摩转子系统进行受力分析，可以建立系统的基本动力学方程

$$\begin{cases} m\ddot{x} + c\dot{x} + kx = me\omega^2 \cos(\omega t) + F_x \\ m\ddot{y} + c\dot{y} + ky = me\omega^2 \sin(\omega t) + F_y \end{cases} \tag{3-20}$$

式中，m 为转子质量，c 为转子阻尼系数，k 为转子刚度系数。

令 $2n = \dfrac{c}{m}$，$\omega_n^2 = \dfrac{k}{m}$，$\omega_{nc}^2 = \dfrac{k_c}{m}$，$v = \dfrac{\omega_{nc}^2(e-\delta)}{e}$，其中 n 称为衰减系数，单位为 1/s，则动力学方程可写为

$$\begin{cases} \ddot{x} + 2n\dot{x} + (\omega_n^2 + v)x - fvy = e\omega^2 \cos(\omega t) \\ \ddot{y} + 2n\dot{y} + (\omega_n^2 + v)y + fvy = e\omega^2 \sin(\omega t) \end{cases} \tag{3-21}$$

3.1.3　机理模型故障判别应用

1. 不平衡分析案例

某厂芳烃车间一台离心式氢气压缩机是该厂生产的关键设备之一。对该压缩机进行振动监测，测点有 7 个，测点 A、B、C、D 为压缩机主轴径向位移传感器，测点 E、F 分别为齿轮增速箱高速轴轴瓦的径向位移传感器，测点 G 为压缩机主轴轴向位移传感器。该压缩机仅在大修期间可以停机检查。生产过程中一旦停机将影响全线生产。该机功率大、转速高、介质是氢气，振动异常有可能造成极为严重的恶性事故，是该厂重点监测的设备之一。

该压缩机于 5 月中旬开始停机检修，6 月初经检修各项静态指标均达到规定的标准。6 月 10 日下午启动后投入催化剂再生，为全线开机做准备。再生工作要连续运行一周左右。催化剂再生过程中工作介质为氮气(其相对分子质量较氢气大，为 28)，使压缩机负荷增大。压缩机启动后，各项动态参数，如流量、压力、气温、电流都在规定范围内，机器工作正常，运行不到两整天，于 6 月 12 日上午振动报警，测点 D 振幅越过报警限，在高达 $60\sim80\ \mu m$ 之间波动，测点 C 振幅也偏大，在 $50\sim60\ \mu m$ 之间波动，其他测点振动没有明显变化。当时 7200 系列振动监测系统仪表只指示出各测点振动位移的峰峰值，它说明设备有故障，但是什么故障就不得而知了。依照惯例，设备应立即停下来，解体检修，寻找并排除故障，但这会使催化剂再生工作停下来，进而拖延全厂开机时间，故采取了以下措施。

首先，采用示波器观察各测点的波形，特别是 D 点和 C 点的波形，其波形接近原来的形状，曲线光滑，但振幅偏大，由此得知，没有出现新的高频成分。进而用磁

带记录仪记录各测点的信号,利用计算机进行频谱分析,如图 3-15 所示,并与故障前 5 月 21 日相应测点的频谱图(图 3-16)进行对比发现:1 倍频的振幅明显增加,C 点增大到 5 月 21 日的 1.9 倍,D 点增大到了 5 月 21 日的 1.73 倍;其他倍频成分的振幅几乎没有变化。

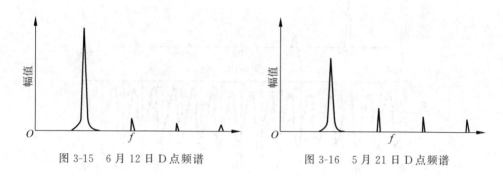

图 3-15　6 月 12 日 D 点频谱　　　　图 3-16　5 月 21 日 D 点频谱

　　5 月 21 日与 6 月 12 日频率、振幅对比表见表 3-1。根据以上特征,可得出以下结论:转子出现了明显的不平衡,可能是因为转子结垢所致;振动虽然大,但属于受迫振动,不是自激振动,并不可怕。

表 3-1　频率、振幅对比

谐波	频率/Hz	5 月 21 日振幅	6 月 12 日振幅	改变量
1×	254.88	170.93	295.62	125
2×	510.80	38.02	38.82	0
3×	764.65	34.40	35.38	1
4×	1 021.53	23.38	26.72	3

　　因此,建议作出以下处理:可以不停机,再维持运行 4～5 天,直到催化剂再生工作完成。密切注意振动状态,催化剂再生工作完成后有停机的机会,作解体检查。6 月 18 日催化剂再生工作圆满完成,压缩机停止运行。6 月 20 日对机组进行解体检查,发现机壳气体流道上结垢十分严重,结垢最厚处达 20 mm 左右。转子上结垢较轻,垢的主要成分是烧蚀下的催化剂,第一节吸入口处约 3/4 的流道被堵,只剩一条窄缝。因此检修主要是清垢,其他部位如轴承、密封等处都未动,然后安装复原,总共只用了两天时间。6 月 25 日压缩机再次启动,压缩机工作一切正常。

2. 碰摩分析案例

　　某厂一台主风机运行过程中突然出现强烈振动现象,风机出口最大振幅达 159 μm,远远超过其二级报警值(90 μm),严重威胁风机的安全生产。图 3-17、图 3-18 分别是风机运行正常时和强振发生时的时域波形和频谱。风机正常运行时,其主要振动频率为转子工频 101 Hz 及其低次谐波频率,且振幅较小,峰峰值约

21 μm。而强振时,一个最突出的特点就是产生一振幅极高的 0.5 倍频(50.5 Hz)成分,其振幅占到通频振幅的 89%,同时伴有 1.5 倍频(151.5 Hz)、2.5 倍频(252.5 Hz)等非整数倍频。此外,工频及其谐波振幅也均有所增长。

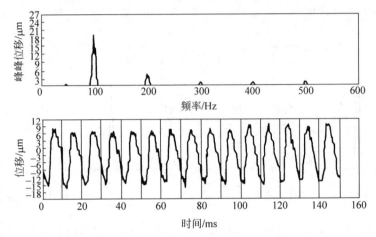

图 3-17　风机运行正常时的波形和频谱

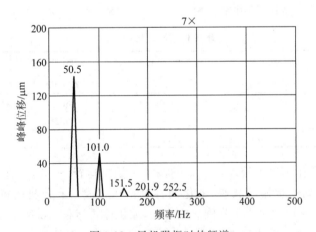

图 3-18　风机强振时的频谱

结合现场情况分析认为,机组振动存在很强烈的非线性,极有可能是由于壳体膨胀受阻,造成转子与壳体不同心,导致动静件摩擦而引起的。随后停机揭盖检查表明,风机第一级叶轮的口环磨损非常严重,由于承受到巨大的摩擦力,整个叶轮也已经扭曲变形,如果再继续运行下去,其后果将不堪设想。及时分析诊断和停机处理,避免了设备故障的进一步扩大和给生产造成的损失。

0.5 倍频的振动也有可能是油膜涡动的特征,这里最主要的判断依据是 1.5 倍频(151.5 Hz)、2.5 倍频(252.5 Hz)等非整数倍频的振动,它们是非线性振动的特征,也就是碰摩故障的特征。

3. 裂纹分析案例

2018 年 9 月，某台压缩机组进气侧振动增大，达到 70 μm，主要表现为工频振动大，轴心轨迹为椭圆，因此对转子进行了现场动平衡，振动降至 30 μm 左右。2018 年 12 月，该转子进气侧振动再次增大，这次不仅工频增大至 70 μm，二倍频也增大至 30 μm，相位与上次相比没有很大变化，进行现场动平衡和对中校正，工频降到 50 μm 左右，但二倍频效果不明显。2019 年 1 月，该转子振动又突然增大，工频达到 90 μm，二倍频增大至 60 μm，变化非常明显，再次进行现场动平衡，但没有效果。

历次加重相位基本一致，说明该转子平衡状态始终朝着一个方向恶化。从以上三次处理结果可以看出，对该转子多次动平衡均没有明显效果，重新对中后的改善效果不明显，从频谱上看振动主要由工频和二倍频引起，尤其是二倍频变化明显，据此分析怀疑转子可能出现了裂纹。停机检查发现转子前端存在长度为 930 μm 的周向裂纹，占圆周的 51%，深度超过 15 mm。

故障分析：最初转子裂纹刚刚出现，深度较浅，尚不足以影响到转子的刚度及弯曲，因而振动较为稳定，有的机组在运行过程中并没有观察到异常。随后转子的挠度不断增大，裂纹不断缓慢发展，隔一段时间就需要重新调整平衡。裂纹大致沿一个方向发展，转子朝一个方向弯曲，导致历次动平衡加重的相位比较接近。这个阶段裂纹发展相对比较缓慢，每次平衡后可以维持运行一段时间，振动随负荷增大，有时表现为渐变的，有时表现为突变的。最后振动失去控制，无论如何平衡和对中都达不到理想效果。

3.2　基于数理统计分析的故障判别技术

3.2.1　数据的插值和拟合方法

利用统计学的方法对设备的状态监测信号进行分析，进而进行故障判别是工程中一种常见的方式。但是由于信息冗余、数据缺失或者监测系统异常导致监测信号质量不高，有时还需要进一步对状态监测信号进行处理。在应对数据缺失和测量误差时采用的方法主要有插值和拟合两大类。插值和拟合都是根据某个未知函数或已知但难以求解的函数的几个已知数据点求出变化规律的特征相似的近似曲线的过程。插值法要求近似的曲线完全经过数据点，而拟合则是得到最接近的结果，强调最小方差的概念。因此，插值方法主要用来处理数据缺失的现象，而拟合方法主要处理所得数据中含有噪声或噪点数据的问题。

所谓插值就是已知函数 $f(x)$ 在 $n+1$ 个互异点 x_i 处的函数值或变量间的一组对应数据 $y_i = f(x_i)$，其中 $i = 0,1,2,\cdots,n$，欲求一个简单函数 $p(x)$ 用于逼近 $f(x)$，使得在节点 x_i 处的函数值相等，即 $p(x_i) = y_i = f(x_i)$，这种问题称为插值问题。其中 $p(x)$ 称为插值函数，$f(x)$ 称为被插值函数，x_i 称为节点。常用的插值方法有拉格朗日插值、牛顿插值、艾特金插值、埃尔米特插值和样条函数插值。

为了解释数据或者根据数据做出预测、判断，给决策者提供重要的依据，需要对测量数据进行拟合，寻找一个反映数据变化规律的函数。数据拟合方法与数据插值方法不同，它所处理的数据量大而且不能保证每一个数据没有误差，所以要求一个函数严格通过每一个数据点是不合理的。数据拟合方法求拟合函数，插值方法求插值函数。这两类函数最大的不同之处是，对拟合函数不要求它通过所给的数据点，而插值函数则必须通过每一个数据点。最小二乘法为以残差平方和最小问题的解来确定拟合函数的方法。若给定数据 $x_1, x_2, \cdots, x_m$ 和相应的响应 $y_1,$ $y_2, \cdots, y_m$，使得 $\sum\limits_{i=1}^{m} \left[\varphi(x_i) - y_i \right]^2 = \sum\limits_{i=1}^{m} \left[\sum\limits_{j=0}^{n} a_j \varphi_j(x_i) - y_i \right]^2$ 最小，则：①若 $\varphi(x)$ 为一元函数，则函数曲线为平面图形，称曲线拟合。②$\varphi(x)$ 为拟合函数，上式最小为拟合条件，即要求拟合函数曲线与各数据点在 y 方向的误差平方和最小。③函数类的选择：$\varphi_0(x), \varphi_1(x), \cdots, \varphi_n(x)$，根据数据分布特点选取，可选幂函数类、指数函数类、三角函数类等。

3.2.2　回归分析方法

回归分析是研究变量间关系的一种方法。可以用方程或模型来建立响应变量与解释变量之间的关系。以 Y 表示响应变量，$X_1, X_2, \cdots, X_p$ 表示预测变量，其中 p 是预测变量的个数，Y 与预测变量的关系可近似地由下列回归模型刻画：

$$Y = f(X_1, X_2, \cdots, X_p) + \varepsilon \tag{3-22}$$

其中，ε 是随机误差，它是模型不能精确拟合数据的原因。函数 $f(X_1, X_2, \cdots, X_p)$ 描述了 Y 与 $X_1, X_2, \cdots, X_p$ 之间的关系。

响应变量和预测变量之间关系的模型形式，可首先由该领域的专家根据知识或经验给出。然后通过分析收集到的数据，对假定的模型予以确认或否决。要注意的是，此时只需设定模型的形式，模型中仍有若干未知参数。需选择函数 $f(X_1, X_2, \cdots, X_p)$ 的适当形式。函数可分为两类：线性和非线性。特别值得注意的是，这里的线性（或非线性）并不是指 Y 与 $X_1, X_2, \cdots, X_p$ 之间的关系是线性的（或非线性的），而是指方程中回归参数是线性的（或非线性的）。

只包含一个预测变量的回归方程称为简单回归方程，若回归方程包含的预测变量多于一个，则称为多元回归方程。例如，在机器修理中，研究修理时间与需修理的元件个数之间的关系便是简单回归的例子之一。该例中，有一个响应变量（修理时间），一个预测变量（元件个数）。响应变量只有一个时，称这样的回归分析为单变量回归，当响应变量多于一个时，称为多变量回归。但单变量回归和简单回归并非一回事，同样多变量回归也并非多元回归。简单回归和多元回归的差别在于预测变量个数不同，而单变量回归和多变量回归的不同在于响应变量的个数不同。

除了上述的单变量回归、多变量回归、简单回归、多元回归,常用的回归还有线性回归、非线性回归、Logistic 回归等。

3.2.3 回归分析在机械设备智能运维中的运用

刹车系统是关乎飞机安全的重要系统。近年来,飞机刹车系统呈现故障高发的态势,刹车压力偏小、偏大或波动大等故障轻则影响飞行任务,重则导致飞机主机轮爆破而影响飞行安全。故障征兆是故障发展的早期阶段,它隐藏在大量实际飞行数据中,由于未达到飞机系统报告故障条件而无法被察觉。飞行数据是获取故障征兆的重要信息源。因此,需要运用回归分析法和工程知识预先对飞机刹车系统工作数据中隐藏的故障征兆进行检测和隔离。故障诊断流程如图 3-19 所示。

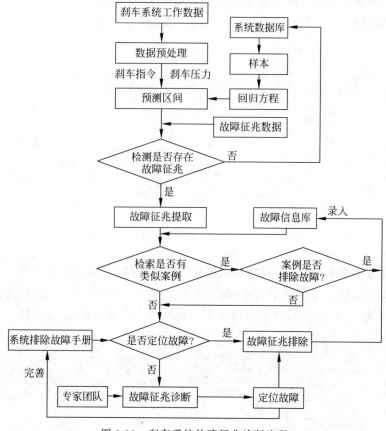

图 3-19　刹车系统故障征兆诊断流程

故障征兆诊断包含故障征兆检测和故障征兆隔离。故障征兆检测的目的是判断刹车系统是否存在故障征兆。首先,在刹车系统历史数据库中获取一定容量的样本,建立输入的电压值与输出的刹车压力之间的回归方程,并确定回归方程中刹车压力值的预测区间;其次,结合预测区间与故障征兆判据对刹车系统近期的工作数据进行分析和判断。如判断结果显示无故障征兆,则将工作数据放入刹车系统数据库中;如发现故障征兆,则通过刹车系统故障信息库、排除故障手册或专家团队对故障征兆进行隔离和排除。

某飞机刹车系统出现过多次刹车压力不在规定范围内的故障和机轮拖胎的较大故障,通过一元线性回归分析法建立预测区间并进行修正,作为刹车系统输出刹车压力的正常分布区间,以此作为检测手段结合故障征兆判据对该飞机刹车系统进行故障诊断。从刹车系统历史工作数据库中选取 80 组刹车指令电压(U)和刹车压力(P)数据,经过预处理后作为样本数据,根据样本绘制的散点图如图 3-20 所示,可以看出刹车指令电压和刹车压力之间基本呈线性关系。用最小二乘估计法求得回归方程为 $\hat{Y} = 17.214X - 4.251$,可决系数为 $R^2 = 0.961$。说明回归直线对观察值拟合效果较好。用 F 检验法进行显著性检查,设置信水平为 95%,最终得出刹车系统输入电压与输出刹车压力之间的线性关系显著。

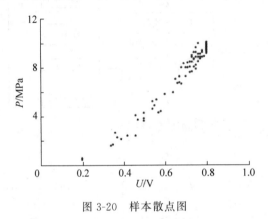

图 3-20　样本散点图

设定置信水平为 95%,根据计算得到的一元线性回归方程,对于任一电压值,可计算得到回归方程 Y 的个别值(刹车压力值)在 95% 置信水平下的预测区间,如图 3-21 所示。可以看出,样本中刹车压力值多集中在 6 MPa 以上区域,4 MPa 以

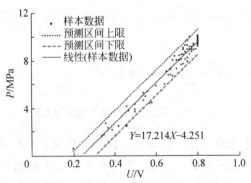

图 3-21　刹车压力值的预测区间

下区域多为刹车压力检查过程中压力值,符合刹车系统的使用特点。其中 0.8 V 电压值对应正常刹车最大刹车压力,0.2 V 电压值对应松刹后的压力值。

由上下限组成的预测区间表明刹车系统输出的刹车压力值按一定的置信水平分布在其中,由于该预测区间将用于刹车系统故障征兆检测,为了尽可能提高检测准确度,降低误判概率,结合检测应用实例和工程经验对预测区间进行微小修正,修正后的预测区间可用于对刹车系统的故障征兆检测。

根据刹车系统工作特点设定故障征兆判据。刹车系统常使用最大刹车压力,该状态工作数据较多,为避免对其他刹车压力数据检测产生干扰,分别给出故障征兆判据如下:假定共有 n 个待检测的刹车系统压力数据,对应小于 0.8 V 电压值有 m 个,在预测区间上限外分布有 a 个,在预测区间下限外分布有 b 个;对应 0.8 V 电压值有 $n-m$ 个,在预测区间上限外分布有 c 个,在预测区间下限外分布有 d 个。若 $(a+b)/m>10\%$ 或 $(c+d)/(n-m)>3\%$,认为刹车系统存在故障征兆。其中:若 $a/(a+b)>80\%$ 或 $c/(c+d)>80\%$,则对应故障征兆为"刹车压力偏大";若 $b/(a+b)>80\%$ 或 $d/(c+d)>80\%$,则对应故障征兆为"刹车压力偏小";不满足上述两个条件时,对应故障征兆为"刹车压力波动大"。

通过飞机地面检查和滑跑阶段刹车系统已有工作数据进行故障诊断。先对数据进行预处理,然后按一定的采样频率获得刹车指令电压值和对应输出的刹车压力值,得到修正的预测区间后作为检测手段结合故障征兆判据对数据进行故障征兆检测,最后对检测出的故障征兆进行隔离和排除。

地面检查阶段刹车系统的故障诊断。飞机在地面进行两次刹车压力检查,第一次检查系统未报告故障,取有效工作数据共 37 组放入预测区间图中,如图 3-22 所示。可以看出,37 组数据分布情况符合刹车压力检查特征,即最大刹车压力数据较多,中间区域数据较少,因为刹车压力检查时在松刹和最大刹车压力间切换时间较短。对应 0.8 V 电压值的刹车压力值共有 26 组(其中有 16 组数据分别与其他 5 组数据相等),位于预测区间下限外的刹车压力值共有 8 组(其中 5 组数据相等),占比 30.8%,依照故障征兆判据判断刹车系统存在"刹车压力偏小"的故障征

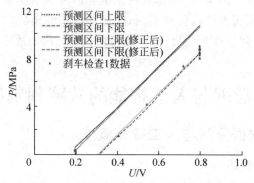

图 3-22　第一次刹车压力检查数据故障征兆检测

兆；对应小于 0.8 V 电压值的刹车压力值共有 11 组（其中有 4 组数据分别与其他 3 组数据相等），位于预测区间下限外的刹车压力值有 1 组，占比 9.1%，不满足判定故障条件。综合判断刹车系统存在"刹车压力偏小"的故障征兆。

飞机进行第二次刹车压力检查，松刹时刹车压力未下降到规定范围内，系统报告故障。第一次刹车压力检查中检测出的故障征兆在第二次检查时转化成了故障，表明采用回归分析法对刹车系统的故障征兆检测是准确的，故障征兆判据是合理的。取第二次刹车压力检查有效工作数据共 37 组（部分数据刹车压力值相等）放入预测区间图中，如图 3-23 所示。由图可知，对应小于 0.8 V 电压值的刹车压力值共有 11 组，位于预测区间上限外的刹车压力值共有 8 组（其中有 3 组数据分别与其他 2 组数据相等），占比 72.7%，依照故障征兆判据判断刹车系统存在"刹车压力偏大"的故障征兆，与实际发生的故障吻合。

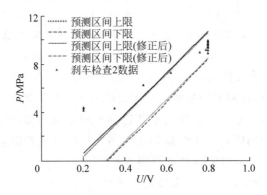

图 3-23　第二次刹车压力检查数据故障征兆检测

两次刹车压力检查中检测出的故障征兆分别为"刹车压力偏小"和"刹车压力偏大"，看似矛盾，实际与刹车系统电液伺服阀的故障特征有关。在对该故障征兆进行隔离时，先根据"刹车系统""地面检查""刹车压力偏小""刹车压力偏大"等信息从故障信息库中筛选是否有类似故障。可以看到出现过由于电液伺服阀故障导致刹车压力偏大或偏小的案例，而油液污染引起的滑阀卡滞使得电液伺服阀输出了异常刹车压力。滑阀卡滞的位置不同，电液伺服阀输出的刹车压力就会偏大或偏小，同时卡滞具有偶发性和随机性，这也是两次检测出的故障征兆不同的原因。

3.3　基于大数据与人工智能的故障判别技术

3.3.1　大数据分析与人工智能概述

1. 工业大数据概述

随着新一代互联网、物联网等信息技术的迅猛发展，现代社会已经进入信息高速流通、交互日益密切的时代，而"大数据"就是这个时代的产物。大数据是大信息、大知识的载体,利用大数据分析方法,不仅能够总结经验、发现规律、预测趋势、辅助决策,以及充分释放海量数据资源中蕴含的巨大价值,更可以推动新一代信息技术与各行业的深度融合、交叉创新。因此,在大数据时代,以工业大数据分析为基础,对机械设备进行智能故障诊断,实时掌握机械设备的健康状态信息,为机械设备的智能运行维护提供依据,最终保障机械设备的安全高效服役,是中国制造业快速发展的重要研究方向。

工业大数据通常指机械设备在工作状态中,实时产生并收集的涵盖操作情况、工况状态和环境参数等体现设备运行状态的数据,即机械设备产生的并且存在时间序列差异的大量数据,主要通过多种传感器、设备仪器仪表采集获得。该数据贯穿于机械工艺、生产、管理、服务等各个环节,使机械系统具备描述、诊断、预测、决策、控制等智能化功能的模式,但无法在可承受的时间范围内用常规技术与手段对数据内容进行抓取、管理、处理和服务。从一般意义上讲,工业大数据具有大数据的"4V"特性,即大容量(Volume)、速度快(Velocity)、多样性(Variety)、低价值密度(Value)。

工业大数据技术是使工业大数据中所蕴含的价值得以挖掘和展现的一系列技术与方法的总称,涵盖工业数据采集、存储、预处理、分析挖掘和可视化等。目前,工业大数据技术仍面临诸多挑战:一方面,传统的面向关系型结构化数据的存储与管理方法,已经无法满足海量、多类非结构化工业数据的存储与分析需求;另一方面,数据价值的时间曲线是衰退的,即随着数据获取时间的推移,能够挖掘的数据价值也在衰减,而传统的集中式计算难以满足海量数据的高效计算需求。分布式系统相关技术的不断发展,为解决工业大数据的存储、管理与计算问题提供了契机和希望。Hadoop 作为分布式系统基础架构的代表,其框架的核心是基于分布式文件系统和 MapReduce 的分布式批处理计算框架,支持工业高实时性采集、大数据量存储及快速检索,为海量数据的处理提供了性能保障。同时,针对 Hadoop 在不同的计算引擎之间进行资源的动态共享比较困难、迭代式计算性能较差等问题,又相继研发了交互式计算框架 Spark、流式处理框架 Storm 等新的分布式计算框架,这些计算框架配合 Hadoop 生态系统,可适用于搭建本地计算平台或者云平台,满足不同的工业大数据应用场景。基于分布式系统,工业大数据技术的框架可进行如图 3-24 所示的总结。

2. 人工智能概述

美国斯坦福大学人工智能研究中心尼尔逊教授认为人工智能的定义为:人工智能是关于知识的学科,即如何表示知识、获得知识并使用知识的科学。人工智能所依赖的工具是计算机等具有类人智能的人工系统,其目的是利用计算机软硬件模拟人类某些智能行为的基本原理、方法和技术。随着大数据、感知融合和深度强化学习等技术的发展,人工智能开始迈向人工智能 2.0,即新一代人工智能。我国著名人工智能专家潘云鹤院士认为,人工智能 2.0 可初步定义为:基于重大变化

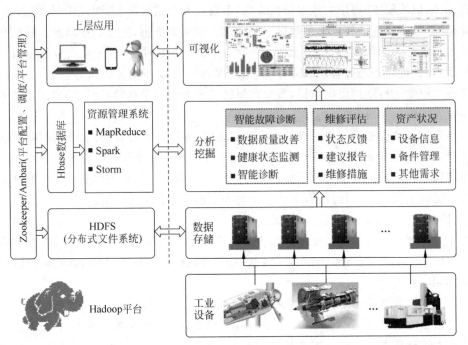

图 3-24 工业大数据技术的框架

的信息新环境和发展新目标的新一代人工智能。其中,信息新环境是指:互联网与移动终端的普及、传感网的渗透、大数据的涌现和网上社区的兴起等;新目标是指:智能城市、智能经济、智能制造、智能医疗、智能家居和智能驾驶等从宏观到微观的智能化新需求。可望升级的新技术有:大数据智能、跨媒体智能、自主智能、人机混合增强智能和群体智能等。

重大装备故障诊断方法普遍存在结构复杂、信号微弱等因素影响导致其精度与准确性不高的问题。新一代人工智能技术在特征挖掘、知识学习与智能程度方面所表现出的显著优势,为智能诊断运维提供了新途径。新一代人工智能运维技术是提高装备安全性、可用性和可靠性的重要技术手段,有利于制造企业的智能化升级和企业效益的提高,得到国际学术界与商业组织的重点投入与密切关注。美国 PHM 协会长期致力于基于人工智能技术的状态监测与预测研究,组织开展数控机床刀具全寿命周期振动、温度等多元异构数据实时监测试验,并邀请国际学者进行剩余寿命预测竞赛,以促进数控机床智能化的发展;美国国家航空航天局密切关注机械基础部件的服役安全性,组织开展全寿命周期多源数据监测试验,开发航空发动机等重大装备的智能诊断与预测技术。新一代人工智能技术也是国际先进航空发动机制造业长期关注的焦点,美国普惠公司进行了超过 15 年的持续专项研究,在 2017 年建立"先进诊断与发动机管理"系统,实现了发动机设计制造数据、运行监测数据与维修保障数据三位一体的深度分析,具备发动机在线诊断预测、地面维护保障关键功能。2017 年英国罗尔斯-罗伊斯公司提出"智能航空发动机"项目,期望通过专项研究实现发动机整寿命周期内大数据的有效监测与深度分析,提升发动机的运行安全性与维护保障性。2018 年罗尔斯-罗伊斯公司提出智能发动机的技术体系架构,并指出基于先进机器人技术的智能检测与预知、自愈维护是智能发动机的核心技术内涵。

新一代人工智能技术是国际制造业的重要历史机遇,但是如何融入新一代人工智能技术实现重大装备的运行安全保障,是挑战难题。根据机械装备检测数据特点实现有针对性的智能诊断模型构造;针对装备制造业监测数据高维度、多源异构与流数据等大数据特性,探索多源数据融合、深度特征提取与流数据处理等新一代人工智能技术,研发基于大数据分析的智能处理框架与技术体系,是未来的重点发展方向。

3.3.2 人工神经网络概述

机器学习(machine learning,ML)是一门多领域交叉学科,涉及计算机科学、数学、心理学、生物学/遗传学,专门研究计算机怎样模拟或实现人类的学习行为,以获取新的知识或技能,重新组织已有的知识结构使之不断改善自己的性能。运维技术发展至今,已经提出了较多的方法,从开始的基于解析模型方法到现在的基于 ML 方法,在不需要太多的先验知识以及系统精确解析模型的情况下完成系统的运维,ML 拥有很广泛的应用空间。ML 在机械设备运维领域的应用根据 ML 模型结构的深度,可以分为两类:基于浅层 ML 的方法和基于深度学习的方法。基于 ML 的运维方法分类框架如图 3-25 所示。

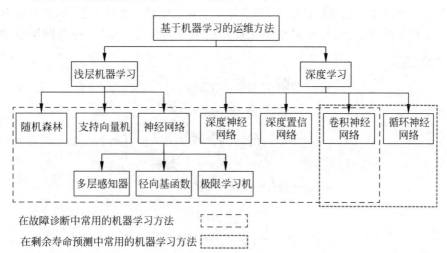

图 3-25 基于 ML 的设备运维方法分类框架

随着现代设备日趋大型化、复杂化、自动化和连续化,在设备或系统工作过程中采集的数据通常具有维度高数据大、时间序列鲜明以及数据集不平衡等特点。针对这些特点,神经网络的自学习能力、非线性映射能力、对任意函数逼近能力、并行计算能力和容错能力,正好可以基于这些数据进行故障诊断及剩余寿命预测。因此,本节将主要对神经网络进行简要描述。

神经网络作为一种模拟生物神经系统的结构和功能的数学处理方式,具有自动学习和总结的能力。其主要包含输入层、隐含层及输出层,常用于解决分类、回归等问题。经过了多年来的研究和探索,在故障诊断与剩余寿命预测领域展现出了强大的优势。基于神经网络的故障诊断与剩余寿命预测方法旨在以原始测量数据或基于原始测量数据所提取的特征作为神经网络的输入,通过一定的训练算法不断调整网络的结构和参数,利用优化后的网络对设备进行故障诊断或在线预测剩余寿命,过程中无需任何先验信息,完全基于监测数据得到的诊断或预测结果。

1. MLP 神经网络

多层感知器(multi-layer perceptron,MLP)是一种前馈人工神经网络模型,其把输入层的多个数据集映射到唯一的输出层的数据集上。MLP 的神经网络模型是由很多层神经元模型组成的,而每个节点都是一个独立的神经元模型。神经网络模型由三大部分组成,即一个输入层、多个隐含层和一个输出层。在 MLP 的网络模型中,输入层被用来产生输入信号,一般情况下,输入层中的节点个数等同于输入信号的向量维数。在网络模型的中间部分,包括一层甚至多层的隐含层,在这个中间层级进行复杂的数学运算,这些复杂的运算也是 MLP 最重要的部分。输出层的作用就是输出计算结果。在这个模型中,输入层的输出作为隐含层的输入,而隐含层的输出作为输出层的输入,最后输出层输出结果。在同一层内,神经元节点是相互独立的,以便信号在网络中从前往后单方向传播。MLP 神经网络模型见图 3-26。

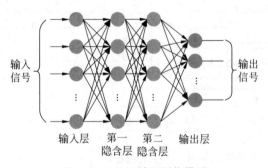

图 3-26　MLP 神经网络模型

2. DNN

深度神经网络(deep nueral network,DNN)通常是由多层特征表示模型堆叠形成的多层神经网络,常见的特征表示模型有自编码器(auto-encoder,AE)以及降噪自编码器(denoising auto-encoder,DAE)等。AE 主要包含编码器和解码器两部分,编码器将输入数据从高维空间映射到低维空间,具有获取输入数据特征表示的能力,解码器能够将输入数据从低维空间映射到高维空间,能够对输入进行复现。当监测数据受到噪声干扰时,AE 所提取特征的鲁棒性较差,因而通过给予 AE 一定的约束而提出了 DAE,降低了对随机扰动的敏感性。基于 DNN 的方法主要思路在于通过多个 AE 或 DAE 堆叠网络提取出原始数据的高层次特征,进而基于回归拟合方法或前馈神经网络实现剩余寿命的预测。

　　堆栈自编码器(stacked auto-encoder,SAE)由多个 AE 堆叠而成,如图 3-27 所示,每个 AE 无监督训练完成后,隐藏层的输出都会作为下一个 AE 的输入,经过逐层堆叠学习,完成了从低层向高层的特征提取。SAE 网络的堆叠过程为:第 1 个 AE 训练完成后,将隐含层输出的特征表示 1 作为第 2 个 AE 的输入,然后对第 2 个 AE 进行无监督训练得到特征表示 2,重复这一过程直至所有的 AE 都训练完成为止,形成了空间上具有多个隐含层的 SAE 网络。为使 SAE 网络具有分类识别的功能,需要在 SAE 网络的最后一个特征表示层之后添加分类层,然后通过有监督学习将神经网络训练成能完成特征提取的深层网络。

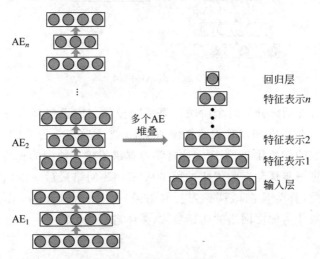

图 3-27　SAE 网络

　　为了防止自编码器训练得到自身的映射,一些自编码器训练的正则化方法如稀疏技术等相继应用,在稀疏约束下去除冗余干扰信息,简洁地表达原始输入信息。当给隐含层单元激活值添加稀疏约束,同时隐含层节点数小于输出层的特征维数时,就迫使自编码器去学习输入数据的压缩表示,学习结果类似由高维向低维变换主成分分析方法,这样输入数据由少数主元素叠加,最大限度地找到原始信息的主要表示特征,得到高维数据的低维简明表达。

　　为获取更具鲁棒性的特征,可采用 DAE。令其可见层节点按照一定比例随机置零,提升编码器性能。堆栈降噪自编码器(stacked de-noising auto-encoder, SDAE)网络如图 3-28 所示,图中黑色实心圆代表输入置零的神经元,每个 DAE 无监督训练完成后,隐含层的输出都会作为下一个 DAE 的输入,经过逐层堆叠学习,完成了从低层向高层的特征提取。SDAE 网络的堆叠过程如下:第 1 个 DAE_1 训练完成后,将特征表示 1 作为第 2 个 DAE_2 的输入,然后 DAE_2 再进行无监督训练,得到的特征表示 2,作为第 3 个 DAE_3 的输入,直至所有的 DAE 都训练完成为止,形成了空间上具有多个隐含层的 SDAE 网络。

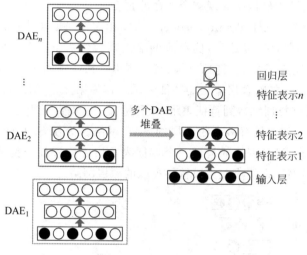

图 3-28 SDAE 网络

SDAE 网络的训练分为两个阶段。第一阶段是前向无监督训练,第二阶段是整体反向微调。在完成 SDAE 无监督预训练后,把无监督学习到的模型参数当作有监督学习参数的初始化,相当于为监督学习提供了输入数据的先验知识,模型训练结果可得到进一步优化。此优化过程是从 SDAE 网络最后一层出发,逐步向低层微调模型参数,称为反向微调学习。网络最后一层由 softmax 作为回归模型。网络的所有参数作为深度网络的初始参数,整体进行微调。

3. CNN

卷积神经网络(convolutional neural network, CNN)是一种受生物视觉感知机制启发的深度学习方法,具有局部连接、权值共享、池化操作及多层结构等特点。局部连接使 CNN 能够有效地提取局部特征;权值共享大大减少了网络的参数数量,降低了网络的训练难度;池化操作在实现数据降维的同时使网络对特征的平移、缩放和扭曲等具有一定的不变性;而深层结构使 CNN 具有很强的学习能力和特征表达能力。CNN 的基本结构包括输入层、卷积层、激活层、池化层、全连接层和输出层。相邻层的神经元以不同的方式连接,实现输入样本信息的逐层传递。

1）卷积层

卷积层中的神经元通过卷积核与上一隐含层的局部区域相连。卷积核是一个权值矩阵,进行卷积运算时,卷积核滑窗经过输入矩阵各区域,翻转后与该区域对应元素相乘后累加,从中提取特征。卷积层中通常设置多个卷积核,不同卷积核通过网络的训练获得不同的权值,因此可以从输入中提取不同的特征。每个卷积核与卷积层输入进行卷积运算后,将卷积结果输入非线性激励函数得到一张特征图,通过多个卷积核对上一隐含层进行特征提取,能够得到一系列特征图。多个卷积层的组合能够使 CNN 逐步提取更复杂的特征。

2）池化层

池化层通常紧跟在卷积层之后。池化层中的特征图与卷积层中的特征图一一对应。池化层的神经元同样与其上一隐含层局部区域相连,并通过一定数学方法得到该区域的一个统计值,实现降维的同时进行二次特征提取,并使网络对输入样本的特征变化获得一定不变性。常见的池化方法包括最大值池化、均值池化和随机池化等。最大值池化对池化核连接的局部区域求最大值实现降采样功能,均值池化对池化核连接的局部区域求平均值实现降采样功能,随机池化则根据局部区域内的元素值确定概率矩阵,根据概率矩阵随机选择输出。

3）全连接层与输出层

CNN 中全连接层一般出现在多个卷积层和池化层后,全连接层中的每个神经元与前一层的全部神经元连接。全连接层可以对卷积层和池化层提取的特征进行整合,输出数据的高级特征,传递到输出层中,作为判断样本类别的依据。

以 LeNet-5 网络为例,CNN 的整体结构如图 3-29 所示。其中,C1 和 C3 层为卷积层,卷积核尺寸均为 5×5,C1 层卷积核个数为 6,C3 层卷积核个数为 16,因此 C1 层输出 6 个特征图,C3 层输出 16 个特征图;S2 层和 S4 层为池化层,池化核尺寸均为 2×2,因此卷积层输出的特征图经过池化层后,水平、垂直方向的尺寸均下降为原来的一半,特征图数量不变;C5 层和 F6 层为全连接层,节点数分别为 120 和 84。

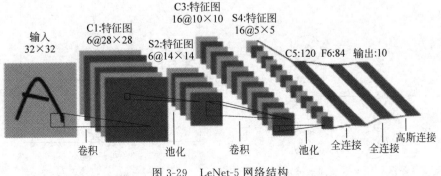

图 3-29　LeNet-5 网络结构

CNN 的训练属于有监督学习,训练前需要对网络的权值和偏置随机初始化,训练过程可分为前向传播和反向传播两个阶段:前向传播是将样本输入网络中,经过各层运算后,通过输出层获得样本分类结果;反向传播是指计算网络输出与样本标签之间的误差后,将误差由输出层逐层传播至输入层,并利用各层残差计算训练误差对该层参数的梯度,用来更新参数取值,实现误差最小化。

4. RNN

循环神经网络(recurrent neural network,RNN)框架的主要特点在于,网络当前时刻的输出与之前时间的输出也有关。除了引入历史数据外,循环神经网络与传统神经网络在前向计算上并没有显著差异。但是在反向传播上,循环神经网络引入了跨时间的计算,传统的反向传播算法已经不能用于进行网络训练,于是在传统反向算法的基础上发展出了跨时间反向传播(back propagation through time,BPTT)算法。循环神经网络采用跨时间反向传播算法进行网络训练,训练过程分为:前向计算各神经元的输出值,反向计算各神经元的误差项并利用梯度下降算法更新权值。下面以简化的 3 层循环神经网络为例(简化结构如图 3-30 所示),对其具体计算过程进行描述。

循环神经网络的权值矩阵在跨时间共享的结构,在求导数的时候经由链式法则会出现连乘的形式。当时间步长比较大时,连乘形式可能引起梯度消失或者梯度爆炸问题,导致循环神经网络不能训练。为解决梯度问题带来的循环神经网络难以训练的问题,长短时记忆单元(long short-term memory,LSTM)对传统循环神经网络的节点进行了改进,其具体结构如图 3-31 所示。

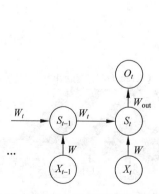

图 3-30 简化的 3 层循环神经网络结构

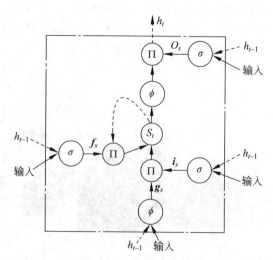

图 3-31 长短时记忆单元的结构

　　长短时记忆单元中增加了用于控制网络计算量级的输入门、遗忘门和输出门，从而降低了循环网络由于循环层数的增加而导致激活函数进入梯度饱和区的风险。这些门还有让网络包含更多层用于参数优化的作用。其中，输入门的作用是控制新信息的加入，通过与 tanh 函数配合控制来实现，tanh 函数产生一个候选向量 g_s，输入门产生一个值均在区间 $[0,1]$ 以内的向量 i_s 来控制 g_s 被加入下一步计算的量。遗忘门将上一时刻的输出 h_{t-1} 和当前时刻的输入 x_t 输入到一个 sigmoid 函数的节点中，为 S_{t-1} 中产生一个在区间 $[0,1]$ 内的向量 f_s 来控制上一单元状态被遗忘的程度。输出门的作用是控制隐含层节点状态值 S_t 被传递到下一层网络中的量，其将上一时刻的输出 h_{t-1} 和当前时刻的输入 x_t 输入到一个 sigmoid 函数的节点中，为 S_t 中产生一个在区间 $[0,1]$ 内的向量 O_s。

3.3.3　迁移学习概述

1. 迁移学习产生的背景

　　传统的机器学习需要做如下的两个基本假设以保证训练得到的分类模型的准确性和可靠性：用于学习的训练样本与新的测试样本是独立同分布的；有足够多的训练样本用来学习获得一个好的分类模型。但是，在实际的工程应用中往往无法同时满足这两个条件，导致传统的机器学习方法面临如下问题：随着时间的推移，原先可用的样本数据与新来的测试样本产生分布上的冲突而变得不可用，这一问题在时效性强的数据上表现得更为明显，比如基础部件随时间退化而产生的数据。而在另一些领域，有标签的分类样本数据往往很匮乏，已有的训练样本不足以训练得到一个准确可靠的分类模型，而标注大量的样本又非常费时费力甚至不可能实现，比如大规模风电场的设备故障分类。

　　因此，研究如何利用少量的有标签的训练样本建立一个可靠的模型对目标领域数据进行分类，变得非常重要，并据此引入"迁移学习"的概念。迁移学习是运用已存有的知识对不同但相关领域问题进行求解的一种新的机器学习方法，其放宽了传统机器学习中的两个基本假设，目的是迁移已有的知识来解决目标领域中仅有少量甚至没有有标签样本数据的学习问题。

　　简而言之，迁移学习是指一种学习或学习的经验对另一种学习的影响，迁移学习能力代表不同领域或任务之间进行知识转化的能力。图 3-32 所示给出了传统机器学习和迁移学习过程的差异，可以看出，传统机器学习的任务之间是相互独立的，不同的学习系统是针对不同的数据分布而专门训练的，即当面对不同的数据分布时，已在训练数据集训练好的学习系统无法在不同的数据集上取得满意表现，需要重新训练。而迁移学习中不同的源领域任务之间不再相互独立，虽然两者不同，但可以从不同源任务的不同数据中挖掘出与目标任务相关的知识，去帮助目标任务的学习。

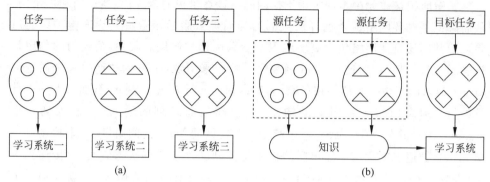

图 3-32 传统机器学习和迁移学习过程的差异

(a) 传统机器学习；(b) 迁移学习

2. 迁移学习策略

1）基于半监督学习的迁移方法

半监督学习指的是学习算法在学习过程中不需要人工干预，基于自身对无标签数据的利用，在这些数据上取得最佳泛化能力。相较而言，主动学习的学习过程需要人工干预，其尽可能通过学习过程中的反馈找到那些含有大信息量的样本去辅助少量有标签样本的学习。基于半监督学习实施迁移学习的主要方法概括为：①跨领域主动迁移。通过似然偏置的高低选择领域外有标签的样本实现迁移学习。能够正确预测领域内数据且似然偏置高的有标签样本会被直接利用，而似然偏置低的样本则通过主动学习进行选择。②不匹配程度迁移。通过估计源领域中的每个样本与目标领域中少量标签数据之间的不匹配程度实现迁移学习。③正则化优化迁移。通过源领域数据训练得到一个分类器，然后综合利用半监督学习的正则化技术（流形正则化、熵正则化以及期望正则化等）优化目标领域数据实现迁移学习。④自学习迁移。自学习迁移实现过程中并不要求无标签数据的分布与目标领域中的数据分布相同。自学习迁移过程中可利用各种现代信号处理技术对无标签的样本数据构造高层特征，然后少量有标签的数据以及目标领域无标签的样本数据可通过这些高层特征进行表示。

2）基于特征选择的迁移方法

基于特征选择的迁移学习方法主要通过寻找源领域与目标领域中的共有特征对知识进行迁移，利用特征选择实施迁移学习的主要方法概括如下：①两阶段特征选择框架：第一阶段利用寻找出的源领域和目标领域的共有特征训练一个通用的分类器，第二阶段则选择并利用目标领域的无标签样本中的特有特征来对通用分类器进行调整从而得到适合于目标领域数据的分类器。②联合聚类特征选择框架：通过类别和特征的同步聚类实现知识与类别标签的迁移。联合聚类算法的关键在于识别出目标领域与源领域数据的共有特征,然后类别信息以及知识通过这些共有特征从源领域迁移到目标领域。③挖掘隐性结构特征:该方法试图从源领域将共同的隐性结构特征迁移到目标领域。如通过构造源领域和目标领域的类别标签传播矩阵来挖掘这些隐性特征。

3) 基于特征映射的迁移方法

基于特征映射的迁移学习方法通过把源领域和目标领域的数据从原始的高维特征空间映射到低维特征空间,使得源领域据和目标领域的数据在低维空间拥有相同的分布,进而实现知识的迁移。该方法与特征选择的区别在于映射得到的特征是低维特征空间中的全新特征。利用特征映射实施迁移学习的主要方法概括为:①降维时最小化源领域和目标领域的偏差。该方法通过最小化源领域与目标领域数据在隐性低维空间上的最大偏差,从而求解得到降维后的特征空间。在该低维隐性空间上,源领域和目标领域具有相同或者接近的数据分布。②将源领域和目标领域特征映射到共享子空间。该方法将目标领域数据和源领域数据映射到一个共享的子空间,在该子空间中,源领域数据可以由目标领域数据重新线性表示,因而可利用监督模型进行学习分类。

4) 基于实例权重的迁移方法

基于实例权重的迁移学习通过度量有标签的训练样本与无标签的测试样本之间的相似度来重新分配源领域中样本的采样权重。相似度大的,即对训练目标模型有利的训练样本被加大权重,否则权重被削弱,主要方法概括为:①基于实例的不同分布以及分类函数的不同分布。这是一种通过实例权重框架来解决领域适应性问题的方法。其从分布的角度分析产生领域适应问题的两个原因:实例的不同分布以及分类函数的不同分布,通过构造最小化分布差异性的风险函数来解决领域适应性问题。②TrAdaBoost 算法。该方法将 Boosting 学习算法扩展到迁移学习中,通过不断的迭代改变样本被采样的权重。其利用 Boosting 技术去除源领域数据中与目标领域中的少量有标签样本最不像的样本数据。其中,Boosting 技术用来建立一种自动调整权重机制,使得重要的源领域样本数据权重增加,不重要的源领域样本数据权重减小。

3.3.4　使用人工智能技术进行故障异常判别

当模型的输入数据和输出数据之间存在高度复杂的、难以理解的非线性关系时,很难找到合适的浅层机器学习方法。而随着机械设备的复杂化和集成化,采集的传感器数据愈加庞大,其中蕴含的特征关系难以获取的问题也使得浅层机器学习方法难以适用。同时,在实际生产中,通常难以获得大量带标签的设备故障时的状态监测数据,这给故障异常判别带来了难度。因此,考虑从实验室数据或是同类型设备所测得的数据进行知识的迁移,来对不同工况乃至不同设备的故障、异常进行判别更具现实意义。针对上述背景,基于深度学习和深度迁移学习的故障诊断方法目前被更广泛地研究,因此,本节也将对基于深度学习和深度迁移学习的故障诊断方法进行举例。

1. 案例一

基于深度学习多样性故障特征自动提取和信息融合的行星齿轮箱故障诊断。

1) 背景

行星齿轮箱具有传动比大、承载效率高等优点,广泛应用于直升机主减速器、风力发电机组等机械设备中。在实际运行中,行星齿轮箱承受动态重载负荷,工况复杂,太阳轮、行星轮、齿圈等关键零部件容易发生故障。针对行星齿轮箱实际运行时噪声干扰大、早期故障特征微弱、单一分类器进行诊断时泛化能力和稳定性不强等问题,一种基于深度学习多样性故障特征自动提取和信息融合的行星齿轮箱故障诊断方法被提出。

2) 基本算法流程

基于多目标集成堆栈降噪自编码器(MO-ESDAE)的行星齿轮箱故障诊断方法实现流程如图 3-33 所示。具体步骤:①在堆栈降噪自编码器(SDAE)的训练过

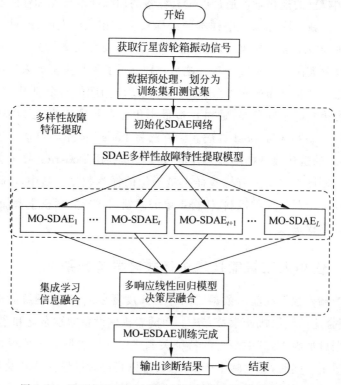

图 3-33 基于 MO-ESDAE 的行星齿轮箱故障诊断方法流程

程中融入稀疏性最小、分类错误率最低两个优化准则,建立 SDAE 多样性故障特征提取模型。②利用基于分解的多目标优化算法(MOEA/D)将多目标优化问题分解为指定规模的单目标子问题,通过与其相邻子问题之间的进化操作来完成种群进化,从而对 SDAE 多样性故障特征提取模型进行求解,得到多个满足差异性和优异性的 MO-SDAE。③建立并采用多个线性回归模型集成多样性故障特征实现信息融合,得到 MO-ESDAE,并将其应用于行星齿轮箱故障诊断得到诊断结果。

　　3) 方法效果

　　采用行星齿轮箱传动系统故障诊断综合实验平台测得的数据对该方法进行验证,试验平台如图 3-34 所示。

图 3-34　行星齿轮箱试验平台

其中,行星齿轮箱与定轴齿轮箱均为两级结构,行星齿轮箱参数见表 3-2。

表 3-2　行星齿轮箱主要参数

	齿　　数	
	第 1 级	第 2 级
齿圈	100	100
行星轮(个数)	40(3)	36(4)
太阳轮	20	28

试验中设置了 4 种太阳轮故障模式:磨损、裂纹、切齿和断齿,见图 3-35。

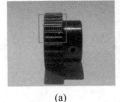  

(a)　　　　　　　(b)　　　　　　　(c)　　　　　　　(d)

图 3-35　行星齿轮箱中典型故障模式部件

(a)磨损故障;(b)裂纹故障;(c)切齿故障;(d)断齿故障

在行星齿轮箱外部安装加速度传感器用于检测振动信号,原始振动信号的时域波形和频谱见图 3-36。

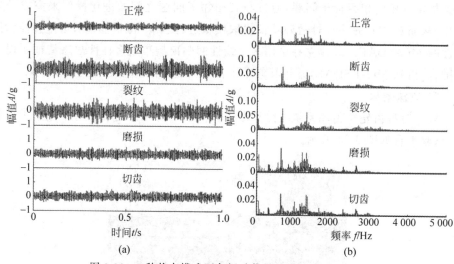

图 3-36　5 种状态模式下各振动信号的时域波形和频谱

(a) 时域波形；(b) 频谱

试验中,正常与故障情况下设置了 9 种变速变载工况:转速分别取 1 200 r/min、2 400 r/min 和 3 600 r/min,负载分别取 0、20 N·m 和 40 N·m,每种工况下振动信号连续采集时间为 90 s,样本个数均为 765,即共采集了 3 825 个行星齿轮箱样本数据。随机选取每种健康状况下 665 个样本作为训练集,训练集样本数为 3 325,剩余 500 个样本作为测试集。为了模拟行星齿轮箱噪声干扰下的运行环境,对在实验室环境下采集的原始振动信号随机添加国际通用噪声库 Noise-X92 的机舱噪声,信噪比为 −5 dB。基于分解的多目标优化算法(multi-objective evolutionary algorithm based on decomposition,MOEA/D)的 SDAE 参数多目标寻优结果见图 3-37,圆圈圈出的解为以最高准确率偏差在 2% 为基准选取的 5 个 MO-SDAE,其参数见表 3-3。

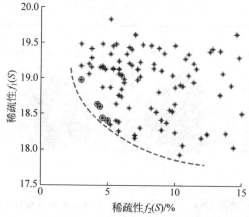

图 3-37　基于 MOEA/D 的 SDAE 参数优化结果

表 3-3　多样性 MO-SDAE 参数

模　型	第 2 层隐含层神经元节点数 n	加噪比例 p
MO-SDAE$_1$	511	0.51
MO-SDAE$_2$	532	0.54
MO-SDAE$_3$	539	0.54
MO-SDAE$_4$	507	0.62
MO-SDAE$_5$	493	0.63

为了验证 MO-SDAE 的特征提取能力和诊断性能,将 MO-SDAE 与 SDAE 进行分析比较。其中,SDAE 的网络结构设置为 2 000-1 000-500-5,加噪比例设置为 0.1。三种深度学习网络第二层的隐含层神经元节点输出值见图 3-38,即深度学习网络自动提取的故障特征。可以看出,经过稀疏性目标优化完成的 MO-SDAE$_1$ 和 MO-SDAE$_5$ 自动提取的故障特征最稀疏,远低于 SDAE,这种稀疏特征更能有

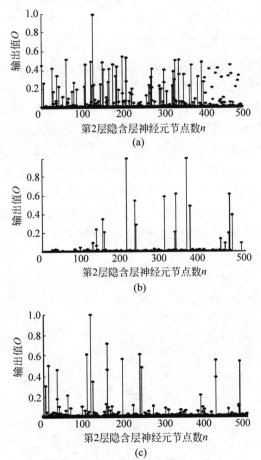

图 3-38　三种深度学习网络自动提取的故障特征稀疏性比较

(a) SDAE 提取故障特征;(b) MO-SDAE$_5$ 提取故障特征;(c) MO-SDAE$_1$ 提取故障特征

效地表达数据的本质特征,提高故障特征的泛化能力,从 MO-SDAE$_1$ 和 MO-SDAE$_5$ 的故障特征分布也可以发现,MO-SDAE 自动提取的特征满足差异性和多样性。三种深度学习网络的故障诊断结果见表 3-4。SDAE 未经过优化训练,其诊断精度低于 MO-SDAE。MO-SDAE$_1$ 的诊断性能最佳,在训练集上的分类准确率达到 100%,在测试集上的分类准确率达到 97.2%,优于 SDAE 的表现。综合图 3-38 和表 3-4 的结果,MO-SDAE 的诊断性能优异,可以提取出相对较稀疏的故障特征,故障诊断精度更高。

表 3-4　三种深度学习网络的故障诊断准确率比较

深度学习网络	分类准确率/%	
	训练集	测试集
SDAE	100	92.4
MO-SDAE$_1$	100	97.2
MO-SDAE$_5$	100	94.8

为比较信息融合后得到的集成分类器 MO-ESDAE 与单一分类器 MO-SDAE 的诊断性能,采用 BootStrap 随机重采样样本,分别进行 10 次故障诊断实验,得到故障分类准确率的统计盒图,见图 3-39。由图 3-39 可知:①在诊断精度方面,相比单一 MO-SDAE,集成分类器 MO-ESDAE 的诊断精度得到进一步提高,最高达到 98.6%,平均诊断率达到 98.2%;而单一分类器 MO-SDAE 的最高诊断精度为 97.2%,平均诊断率为 94.0%~95.9%。说明 MO-ESDAE 能更准确地映射出样本与行星齿轮箱不同健康状况之间的关系。②在诊断稳定性方面,MO-ESDAE 的分类稳定性更好,分类准确率的分布最紧密,输出波动范围最小,其分类准确率的极差仅为 1%,优于 MO-SDAE 的分类准确率极差 1.6%~2.8%。集成学习分

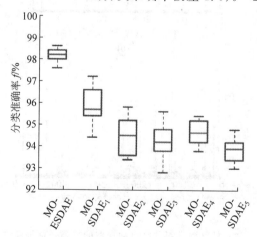

图 3-39　集成分类器和单一分类器的诊断精度比较

类器 MO-ESDAE 的故障诊断结果更可靠。因此,利用集成学习进行决策层信息融合,在故障分类准确率与分类稳定性方面,集成分类器 MO-ESDAE 均优于单一分类器 MO-SDAE。

同时,设计了 MO-ESDAE 方法与其他常用机器学习方法的诊断性能对比实验。对比方法包括深度学习网络中 SDAE,浅层学习网络中 BP 神经网络(BPNN),支持向量机(SVM)与极限学习机(ELM)等多种故障分类判别网络。SDAE 的隐含层的神经元节点数设置为 2 000-1 000-500-5,加噪比例设置为 0.1。BPNN 的隐含层节点数设为 20。SVM 选择径向基函数,采用交叉验证的方法优化核函数参数和惩罚因子。ELM 隐含层神经元个数为 100。测试数据方面,深度学习网络采用行星齿轮箱加噪数据集的频谱直接作为输入信号,浅层学习网络难以处理高维大样本数据,采用手动提取的时域、频域、时频域共 39 个特征构成输入信号,这些故障特征全面反映了故障信息。本实验同样采用 BootStrap 随机重采样构成测试样本,进行 10 次故障诊断实验。实验结果见表 3-5。可以看出:深度学习网络的故障诊断性能普遍优于浅层学习网络,说明基于深度学习的故障诊断方法可以有效地从行星齿轮箱振动信号频谱自适应提取故障特征并完成故障分类,在故障诊断能力方面更具优势。在所有机器学习方法中,MO-ESDAE 方法的故障诊断能力最强,其平均分类准确率可以达到 98.2%,分类准确率极差为 1%,标准差为 0.3%,均优于其他机器学习方法。

表 3-5　不同故障诊断算法的性能比较　　　　　　　　　　%

方　　法	平均分类准确率	分类准确率极差	分类准确率标准差
MO-ESDAE	98.2	1.0	0.3
MO-SDAE	95.9	2.8	0.9
SDAE	90.9	4.0	1.3
BPNN	45.8	16.4	4.8
ELM	45.6	10.4	3.6
SVM	64.3	4.6	1.3

为了进一步验证 MO-ESDAE 方法的有效性,比较不同样本数量下 MO-ESDAE 方法与其他机器学习方法的故障分类准确率,实验结果见图 3-40。从图 3-40 中可以看出,深度学习网络的诊断性能与训练样本量的大小有关,训练样本量越大,深度学习网络的分类准确率越高。而浅层学习网络随着样本量的增加,其分类准确率没有太大变化。这说明相比于浅层学习,深度学习更能从大量数据中挖掘出深层信息,高效、准确地诊断出行星齿轮箱健康状态,在大数据时代,基于深度学习的故障诊断方法更具优势。另外,不同样本规模下,MO-ESDAE 方法的分类准确率最高。

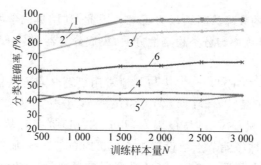

1—MO-ESDAE；2—MO-SDAE$_1$；3—SDAE；4—BPNN；5—ELM；6—SVM。

图 3-40　样本数量变化对 6 种故障诊断模型诊断结果的影响

2. 案例二

基于增强迁移卷积神经网络的机械智能故障诊断。

1）背景

旋转机械广泛应用在航空航天、汽车制造、轨道交通和风力发电等国计民生的重要工程领域，在国民经济生产中具有举足轻重的作用。开展机械设备的状态监测与诊断，对可能发生的故障进行检测、诊断和预测，以"防患于未然"，对保证机械的可靠、连续和稳定运行，减少经济损失和运行成本以及避免重大事故发生，具有十分重要的现实需求和实际意义。

2）基本算法流程

增强迁移卷积神经网络（enhanced transfer convolutional neural network，ETCNN）故障诊断框架如图 3-41 所示。网络结构由特征提取器 G_f 和两个独立的分类器 C 构成。特征提取器 G_f 通过堆叠多个一维卷积层、批次归一化层和最大池化层组成，可直接对一维的原始输入信号进行处理。而分类器则由一个全连接层和 Softmax 层构成，负责对高层特征进行处理，学习输入数据的分类决策边界。

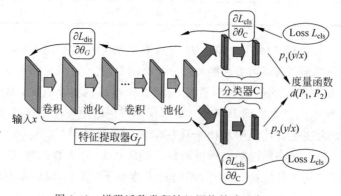

图 3-41　增强迁移卷积神经网络故障诊断框架

网络结构的具体参数如图 3-42 所示。网络输入数据为一维振动信号,第一个卷积层采用较大的卷积核进行滑窗和卷积操作,卷积核尺寸为 64×1,步幅为 16,卷积核的数量设置为 20,以增强网络特征学习和抗噪性能。接下来三个卷积层的卷积核数目分别设置为 20、40 和 40,卷积核尺寸为 3×1,步幅为 2,以提高网络对细节特征的学习能力。此外,在每一卷积层,嵌入批归一化层以及最大池化层,池化大小为 2×1,步幅为 2,从而使得池化后输出的特征图尺寸减小一半,降低网络的复杂度。在分类器结构上,每个分类器 C_1 和 C_2 都具有一个全连接层,节点数设置为 500,并在最终的输出层,采用 Softmax 函数执行最终的分类输出任务。

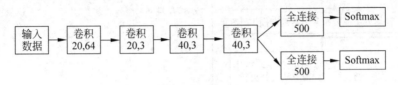

图 3-42　所提方法的网络结构参数

ETCNN 方案的流程如图 3-43 所示,其最终的诊断流程可归纳如下:①从机械设备中获取不同运行工况下的机械设备振动数据,构建标签源域和无标签目标域数据,并将数据进一步划分成训练数据和测试数据。②构建特征提取器、两个独立分类器,并进一步构建对应的分类损失函数和分类器判别损失函数。③将源域训练数据输入特征提取器和两个独立的分类器,采用交叉熵损失函数,利用反向传播算法,对特征提取器和分类参数进行有监督训练。④输入源域和目标域训练数据,采用对抗训练策略,固定特征提取器,采用训练数据优化分类器,同时最大化分类器的判别损失函数,更新分类器参数。⑤利用训练数据,固定两个分类器参数,最小化判别损失函数,优化特征提取器参数,使源域和目标域数据尽可能匹配。⑥重复步骤③～步骤⑤,直到达到给定的迭代次数,此时输出优化的诊断模型。⑦利用目标域测试数据输入训练好的诊断模型中测试,两个分类器输出概率值,通过求和平均后,输出不同运行工况下的诊断结果。

3) 方法效果

为评估所提方法的性能,采集相关的不同工况下的轴承数据集进行验证。数据集采自旋转机械滚动轴承故障试验平台,如图 3-44 所示。在该试验平台中,输出轴承由皮带轮通过加载电机进行驱动,故障轴承安装在输出轴上,并在输出轴承座上安装加速度传感器,以 12 kHz 的采样频率采集机械振动信号。试验平台分别运行在 800 r/min、1 100 r/min 和 1 400 r/min 的轴转速下,以模拟不同的运行工况。针对轴承的故障类型,总共设置了三种轴承健康状态用于分类:正常状态,内圈故障(通过线切割加工引入 0.5 mm 和 2.0 mm 等缺陷)和外圈故障(通过线切割加工引入 0.5 mm 和 2.0 mm 缺陷),具体数据集描述如表 3-6 所示。

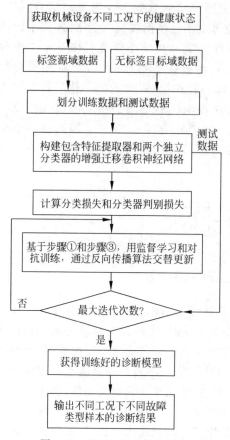

图 3-43 ETCNN 方案的流程

图 3-44 滚动轴承试验平台

表 3-6 滚动轴承不同健康状态描述

转速/(r/min)	健康状态	缺陷尺寸/mm	标签
800、1 100、1 400	正常状态	0	1
800、1 100、1 400	内圈故障	0.5 和 2.0	2
800、1 100、1 400	外圈故障	0.5 和 2.0	3

为构建迁移任务,将 3 种转速下采集的 3 种不同健康状态的轴承数据用于试验评估。考虑到轴承的内圈和外圈故障特征频率,截取的样本长度需至少包含故障频率的一个周期,因而从原始信号中截取 2 048 个数据点形成一个样本。在每个运行转速下,正常状态有 300 个样本,而内圈故障(包含两种不同缺陷)和外圈故障(包含 2 种不同缺陷)分别有 600 个样本,因而 3 种健康状态共有 1 500 个样本,并以 50% 的比例划分为训练数据和测试数据。

为执行域适配,首先设计 A→B 和 A→C 2 种迁移任务。以第一个迁移任务即 A→B 为例,A 代表源域任务,数据采集自 800 r/min 的运行工况,而 B 代表目标域任务,数据采集自 1 100 r/min 的运行工况。构建的增强迁移卷积神经网络致力于只采用源域标签训练数据和无标签的目标域训练数据,执行对抗训练和知识迁移,并在测试阶段,用无标签目标域的测试集验证网络的分类能力。在每个试验中,随机选择任务的一半样本用于训练,而其余样本用于测试。此外,通过将源域和目标域诊断任务进行互换,采用交叉验证,设计了另外 4 种迁移任务:B→A、B→C、C→A 和 C→B,从而可对算法进行综合评估,具体的迁移任务如表 3-7 所示。

表 3-7　轴承数据集构建的 6 种迁移任务

迁移任务	源域转速 /(r/min)	目标域转速 /(r/min)	标签源域样本数 /个	无标签目标域样本数 /个
A→B	800	1 100	1 500	1 500
A→C	800	1 400	1 500	1 500
B→A	1 100	800	1 500	1 500
B→C	1 100	1 400	1 500	1 500
C→A	1 400	800	1 500	1 500
C→B	1 400	1 100	1 500	1 500

在 6 个迁移任务上使用了 3 种经典的深度迁移学习算法进行比较,包括:域适配网络(DAN)、多层域适配网络(MLDAN)、深度对抗卷积神经网络(DACNN)。诊断结果如表 3-8 所示,可观察到,在 6 个诊断任务上,4 种深度迁移学习诊断方法都提供了较好的分类结果。在比较的方法中,DACNN 取得了最小的平均分类精度(91.46%),DAN 的平均分类精度为 92.01%,而 MLDAN 的平均分类精度为 92.67%,取得了比 DAN 稍微更好的结果,表明多层域适配方案通过综合利用不同层的特征,可改进网络的迁移学习能力。而所提 ETCNN 的平均分类精度为 94.29%,相比其他 3 种比较方法,在每个迁移任务上,都平均提高了至少 2%。

表 3-8　各方法在轴承数据集上的分类结果　　　　　　　%

迁移任务	DAN	MLDANN	DACNN	ETCNN
A→B	94.40±0.89	94.74±2.70	94.11±2.31	98.40±0.58
A→C	91.09±2.94	92.33±4.57	87.52±2.27	96.09±2.27
B→A	93.09±1.30	93.01±3.03	92.91±2.78	95.84±0.47
B→C	94.01±4.56	95.56±4.69	95.12±2.01	97.83±1.16
C→A	84.89±3.82	85.12±2.52	84.15±3.69	85.96±3.28
C→B	94.55±1.67	95.25±2.96	94.95±1.82	95.41±2.11
平均值	92.01	92.67	91.46	94.92

此外,对单个迁移任务进行分析,可发现,几种比较方法在一些任务:C→A 和 C→B 上取得了与 ETCNN 一致好的分类性能(在分类精度和标准差上都很有竞争力),但是在其他几个迁移任务上,比如 A→C 上,DACNN 只取得了

87.52％的分类精度,DAN 和 MLDAN 分别取得了 91.09％和 92.33％的分类精度,而 ETCNN 为 96.09％,比其他方法精度更高。同时在不同的迁移任务上,ETCNN 也具有更好的分类稳定性和分类精度。表明所提方法通过利用决策边界信息,能够更有效地减少不同域之间的分布差异,获得更好的域适配能力和分类性能。

为对网络学习的特征进行分析,采用 t-SNE 技术对不同方法学习的特征进行可视化。以 A→B 为例,提取 DAN、MLDAN、DACNN 及所提的 ETCNN 在全连接层的输出特征,分别进行降维可视化。不同方法的聚类性能如图 3-45 所示。其中"S"表示源域数据,"T"表示目标域数据。例如"S-1"代表源域类别 1,而"T-1"代表目标域类别 1。

从图 3-45 可看到,在单一源域任务上(S-1、S-2 和 S-3),4 种方法在监督学习任务中都有很强的特征学习能力:相同健康状态能很好聚类,不同健康状态也能明显区分。然而综合考虑源域和目标域的聚类性,在 DAN 和 MLDAN 中,以类别 2 为例,来自源域和目标域的样本尽管属于同种类别,却分散在不同区域,具有较少的样本重叠,表明两种方法在该类别上域适配能力的局限性。DACNN 在该任务上,比其他 2 种比较方法表现更好,来自源域和目标域的样本大部分都能够很好重合,但同时也有较多的样本分散在类别 1 和类别 3 中。经对比,所提的 ETCNN 明显获得更好的结果。

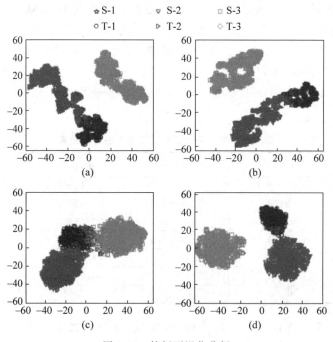

图 3-45　特征可视化分析
(a) DAN; (b) MLDAN; (c) DACNN; (d) ETCNN

此外,所提的 ETCNN,在目标域测试样本中,有少量属于类别 2 的样本(外圈故障:T-2)和类别 1 的样本(正常状态:T-1)相互混叠在一起,表明这些样本存在较大相似性,所提方法并不能很好将其区分,因而这些样本将容易被误分类。对其中一次测试结果采用混淆矩阵进行分析,如图 3-46 所示,所提方法有少量样本(3.5%)预测为类别 1,但实际属于类别 2,同时也有少量样本被预测为类别 2 和类别 3,但实际分别属于类别 3 和类别 2,因而在最终诊断结果中,所提方案没达到 100% 的诊断精度,这与表 3-8 的结果一致:所提方法在该任务下平均分类精度为 98.40%。然而,对比其他几种深度迁移学习诊断结果,所提方案仍获得了更好的分类结果,验证了其更优的域适配能力。

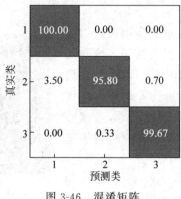

图 3-46 混淆矩阵

第 4 章

退化预测与寿命预测技术

对于实际工程设备,一旦发生由失效引起的事故,所造成的人员财产损失甚至环境破坏往往不可估量。例如,2010 年 4 月发生在墨西哥湾的漏油事故,就是由于钻井平台爆炸时,最后一道防线——防喷阀的失效,造成原油不断喷出,多名工作人员失去生命,对生态环境造成永久性破坏(图 4-1)。此外,据调查,各类行业在维修中的投入占生产总成本的15%~70%。因此,对于各类设备,如果能在

图 4-1　墨西哥湾漏油事故

其性能退化初期,根据监测信息,及时发现异常或定量评价设备健康状态、进行退化预测及剩余寿命预测,并据此确定对设备实施维护的最佳时机,对于切实保障复杂设备的安全性、可靠性与经济性具有重要的意义。

剩余寿命预测是连接系统运行状态信息感知与基于运行状态实现个性化精准健康管理的纽带和关键,在过去十余年得到了长足的发展,主要技术方法包括失效机理分析方法、数据驱动的方法、机理模型和数据混合驱动方法。基于失效机理分析的方法主要通过构建描述设备失效机理的数学模型,结合特定设备的经验知识和缺陷增长方程实现设备的剩余寿命预测。由于实际工程设备本身的复杂性、任务与运行环境的多样性,其健康状态演化规律通常难以物理机理建模或者获得失效机理模型的代价过高,导致失效机理方法及机理模型和数据驱动方法存在推广应用难的问题。因此,数据驱动的退化预测与剩余寿命预测技术已成为国际上可靠性工程和自动化技术领域的研究前沿,过去十余年中得到了长足发展,在航空航天、军事、工业制造等领域具有极其重要的应用。本章将简要介绍在退化预测与剩余寿命预测中应用的 2 种技术:基于数理统计分析的退化预测与剩余寿命预测技术和基于大数据与人工智能的退化预测和剩余寿命预测技术。

4.1　基于数理统计分析的退化预测与剩余寿命预测技术

利用数理统计的方法进行退化预测与剩余寿命预测主要是对设备运行过程中所监测到的敏感参数退化量进行分析统计,建立设备性能退化规律的概率模型。设备的退化敏感参数是指能够有效反映其性能退化的一项或多项性能指标。通过分析设备的性能退化敏感参数的退化量,从而判定设备的退化失效情况,以此对其进行退化预测与剩余寿命预测。退化敏感参数的选择应具备的条件:①退化参数必须具有准确的定义而且能够进行监测;②随着设备服役时间的增长,其性能退化参数应有明显的趋势性变化,能客观地反映出研究对象的工作状态;③敏感参数所表征的设备特性为永久性退化,该过程不可逆。

4.1.1　回归分析在退化预测和寿命预测中的运用

1. 背景

作为航空发动机核心部件的中介轴承,为了减轻航空发动机的重量减小飞行负担,其内圈与高压端连接外端与低压端连接,内外圈同时旋转起到连接、支撑的作用。工作在恶劣的环境中,中介轴承极易发生故障,造成航空事故。准确地对滚动轴承做出可靠性评估与剩余寿命预测,并及时做出维修计划,可以有效减少事故的发生、节约成本。一种针对滚动轴承剩余寿命预测的基于主成分分析(PCA)和改进 Logistic 回归模型的方法应运而生。

2. 基本算法流程

基于 PCA 和改进 Logistic 回归模型滚动轴承剩余寿命预测方法,通过对模型协变量选取和模型本身进行改进来提高模型的剩余寿命预测精度,具体流程如图 4-2 所示。

具体步骤如下。

(1)特征参数选择:从滚动轴承振动数据中提取全寿命周期的时域特征、频域特征和时频域特征参数,从中筛选出有效的特征参数,组成特征向量集。

(2)相对高维特征集的构建:选取轴承特征量正常期的一段求取均值,该特征的全寿命数据除以该均值得出相对特征,分别求取有效特征参数的相对特征,构建混合域的相对高维特征集。

(3)主元分析:对混合域的相对高维特征集进行主元分析,选取累计贡献率大于 95% 的主元。

(4)建立模型:根据选取的有效主元把模型参数估计出来,建立改进 Logistic 回归模型。

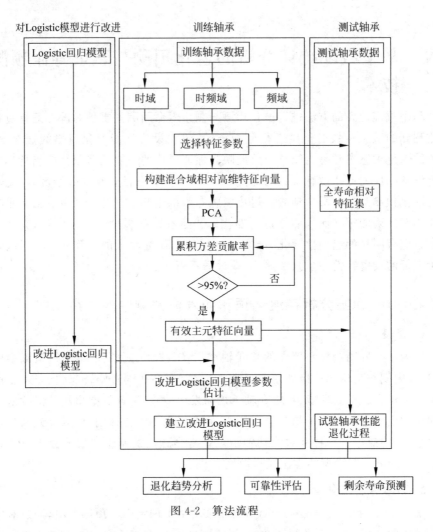

图 4-2　算法流程

（5）寿命预测：利用测试组的轴承数据按照训练组的方法步骤选取出模型的协变量，利用已建立的改进 Logistic 回归模型对滚动轴承进行可靠性评估与剩余寿命预测。

3. 改进的 Logistic 回归模型

Logistic 回归模型在剩余寿命预测时仅考虑当前的退化特点，忽略了之前的退化趋势，且该模型对信号的随机波动不具有很好的适应性，这会降低模型的寿命预测精度，甚至会给维修决策带来错误干扰，导致事故的发生。如果将滚动轴承退化趋势考虑到剩余寿命预测中去，采用自适应的方式消除随机波动信号对剩余寿命预测的影响，构造改进的 Logistic 回归模型，则可以有效补充存在的不足。其中相关表达式如下：

$$h_i(t) = \frac{u(t)}{w(t)} \tag{4-1}$$

$$u(t) = a_m x_i(t_m) + a_{m+1} x_i(t_{m+1}) + \cdots + a_{m+p} x_i(t_{m+p}) + x_i(t) \tag{4-2}$$

$$a_j = \frac{x_i(t) - x_i(t_j)}{(p+1)x_i(t) - x_i(t_m) - x_i(t_{m+1}) - \cdots - x_i(t_{m+p})} \tag{4-3}$$

式中, $t = 1,2,\cdots,p$ 是事件发生的时间, a_j 正比于 t 时刻的特征值与 t_j 时刻特征值的差值,且符号与两者差值的符号相同。$u(t)$ 是兼顾当前时刻之前的 $p-1$ 个特征量且能消除随机波动的影响,达到对模型的优化。$w(t)$ 是 $u(t)$ 在正常时期的一段均值, $h_i(t)$ 是 $u(t)$ 的一段相对特征值。由上式可知,由于 a_j 的取值和 t 时刻与 t_j 差值的符号一致,因此该改进模型不但兼顾了轴承的退化趋势,而且还可以消除随机波动对剩余寿命的影响。

对式(4-3)用 $h_i(t)$ 取代其中的 x_i,得到改进的 Logistic 回归模型,具体公式如下:

$$\pi = \frac{e^{\beta_0 + \beta_1 h_1(t) + \cdots + \beta_p h_p(t)}}{1 + e^{\beta_0 + \beta_1 h_1(t) + \cdots + \beta_p h_p(t)}} \tag{4-4}$$

4. 方法效果

进行方法验证的数据是由美国辛辛那提大学智能维护中心(IMS)提供的滚动轴承全寿命周期加速轴承性能退化试验数据。试验平台轴承位置和传感器布置如图 4-3 所示:一根转轴上装有 4 个轴承,由直流电机通过皮带联接驱动,轴承转速为恒定值 2 000 r/min,由弹性加载器施加 6 000 lb 的径向载荷。当吸附的碎屑量达到预先设定的阈值,数据采集工作便会停止。8 个加速度传感器分别采集每个轴承 X 和 Y 方向的加速度信号,采集时间间隔为 20 min,采样频率为 20 kHz,采样长度为 20 480 点。

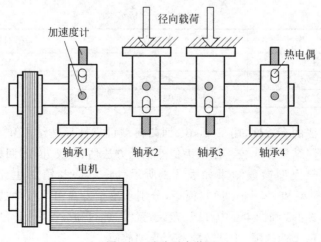

图 4-3　试验平台装置

试验共进行了 3 组,每组包含 4 个轴承,第 1 组轴承编号 1~4 号,第 2 组轴承编号 5~8 号,第 3 组轴承编号 9~12 号。表 4-1 为各组轴承的试验结果,失效轴承表示在试验结束时轴承已经损坏,失效模式表示轴承的失效类型包括内圈故障、外圈故障、滚动体故障,删失轴承表示在试验结束时轴承没有损坏。3 号轴承的数据被用来验证模型,其他 11 号轴承的数据被用来训练模型。表中,(a)为内圈故障,(b)为滚动体故障,(c)为外圈故障

表 4-1   试验情况

试验序列	1	2	3
失效轴承	＃3、＃4	＃5	＃11
失效模式	＃3(a)、＃4(b&c)	＃5(c)	＃11(c)
删失轴承	＃1、＃2	＃6、＃7、＃8	＃9、＃11、＃12

为降低轴承个体之间的差异对可靠性和剩余寿命预测的影响,使用相对特征值,具体做法:选择每个特征值正常期内一段趋势平稳的特征值,将该段特征值的平均数作为标准值,最后计算原始数据与标准值的比值,得到相对特征值,结果如图 4-4 所示,其中图(a)、(b)为时频域特征小波包第三、七能量谱;图(c)、(d)为频域特征;图(e)~(o)为时域特征;图(p)表示全寿命周期轴承数据采集是否间断,间断点为空数据,在此时间内未进行数据采集。

在上述特征分析的基础上来提取有用且全面的轴承特征尤为重要,但是选取过多的特征量作为协变量会给建模带来困难。利用 PCA 达到选取有效特征量的目的。用 PCA 分别对相对特征参数和原始特征参数进行降维,结果如表 4-2 所示。由于滚动轴承制造、安装和工况差异引起数据离散,故直接对原特征集降维的效果远低于对相对特征集的分析效果。相对高维特征集 PCA 降维之后,到第二主元时贡献率已达到 96.57%,因此选择前二主元作为改进 Logistic 回归模型的协变量。

表 4-2   主元分析结果   %

贡　献　率	特征值	相对特征值
第一主元	86.67	91.17
第二主元	89.53	96.57
第三主元	93.69	97.81

为验证算法的有效性,用 Logistic 回归模型可靠性评估结果和本算法可靠性评估和寿命预测结果作比较。用极大似然估计方法估计 Logistic 回归模型和改进的 Logistic 回归模型参数结果如表 4-3 所示。将第一和第二主元代入改进的 Logistic 回归模型和 Logistic 回归模型,分别求出全寿命可靠度曲线,如图 4-5 和图 4-6 所示。图 4-5 和图 4-6 中红线、蓝线、紫线、黄线和绿线分别对应轴承的正常期、早期故障、恢复期故障、中期故障和严重期故障。

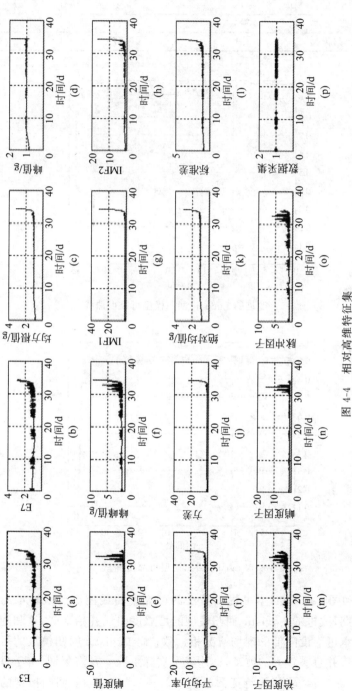

图 4-4 相对高维特征集

（a）时频域—E3；（b）时频域—E7；（c）频域—均方根值；（d）频域—峰峰值；（e）时域—峰值；（f）时域—峭度值；（g）时域—峰差；（h）时域—EMD 分解第一分量能量；

（h）时域—EMD 分解第二分量能量；（i）时域—平均功率；（j）时域—方差；（k）时域—绝对均值；（l）时域—标准差；（m）时域—裕度因子；

（n）时域—峭度因子；（o）时域—脉冲因子；（p）数据采集时间分布

表 4-3　模型参数估计

模　　型	β_0	β_1	β_2
Logistic 回归模型	5.358	1.742	9.458
改进 Logistic 回归模型	3.187	6.528	15.734

图 4-5
（彩图）

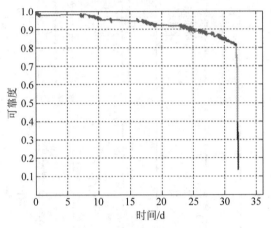

图 4-5　改进的 Logistic 回归模型可靠度曲线

图 4-6
（彩图）

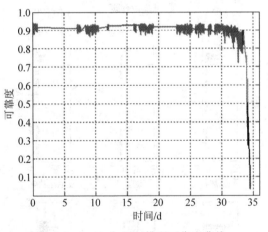

图 4-6　Logistic 回归模型可靠度曲线

由图 4-5 和图 4-6 可知，本书提出算法的可靠度曲线能够反映轴承的退化趋势。在正常时期，改进的 Logistic 回归模型的可靠度曲线开始下降，这和随着工作时间的增加轴承可靠度降低的现场情况相一致；而 Logistic 回归模型的可靠度曲线没有下降趋势并且有较大的波动，这违背了实际工况。在恢复期，由于早期故障的裂纹被磨平，峭度值、峰值等特征的幅值降低，造成 Logistic 回归模型的可靠度曲线出现上升的趋势，可靠度超过了早期故障，这不符合滚动轴承的实际工况，会给制定预防性维修计划造成干扰，而改进的 Logistic 回归模型则改善了以上的不足,可靠度曲线在恢复期继续下降,这与滚动轴承的实际工况相吻合。在故障的中期和后期,改进的 Logistic 回归模型可靠度曲线波动较小,可靠度按照故障阶段顺序依次下降,而 Logistic 回归模型可靠度曲线波动较大,且严重故障时期一些点的可靠度高于中期故障,由于波动的存在图 4-6 中早期故障的一些时间点的可靠度比恢复期和中期故障的可靠度还要小,这不符合滚动轴承的实际工况,而且会给预测性维护带来干扰。这是由于改进的 Logistic 回归模型通过 PCA 选取了更为全面的反映滚动轴承劣化趋势的特征量、有效地对原模型进行优化以及消除了轴承个体差异的影响,从而使可靠度曲线与实际工况更为吻合;改进的 Logistic 回归模型降低了滚动轴承振动信号的随机波动,把轴承的退化趋势引入到模型中提高了模型可靠性评估的精度。

根据改进的 Logistic 回归模型和 Logistic 回归模型寿命预测公式计算 3 号轴承的剩余寿命,如表 4-4 所示。

表 4-4　剩余寿命

轴承状态	正常期	早期故障	恢复期	中期故障	严重故障期
时间/天	30.5	32.6	33.3	34	34.2
剩余寿命	3.981 5	1.881 5	1.181 5	0.481 5	0.281 5
Logistic 回归模型	8.354 2	3.52	2.949 1	1.220 1	0.837 1
预测误差	4.372 7	1.638 5	1.767 6	0.738 6	0.555 6
改进的 Logistic 回归模型	6.384 1	3.214 7	2.003 1	1.029 6	0.314 6
预测误差	2.042 6	1.333 2	0.821 6	0.190 5	0.033 1

从表 4-4 可以看出,改进的 Logistic 回归模型剩余寿命精度远高于 Logistic 回归模型的精度。以严重故障期为例:当轴承工作到第 34.2 天时,轴承的实际剩余寿命是 0.281 5 天,Logistic 回归模型预测的剩余寿命为 0.837 1 天,改进的 Logistic 回归模型预测的剩余寿命是 0.314 6 天。所以,改进的 Logistic 回归模型的预测精度较 Logistic 回归模型得到了较大的改善,说明该算法可以有效地对滚动轴承进行寿命预测。

4.1.2　随机过程在退化预测和寿命预测中的运用

考虑到设备的退化过程具有随机性和时变动态特征,一些学者提倡采用随机过程来描述退化过程,认为随机过程可以更好地描述动态运行环境的变化和失效产生机理。目前,主要采用的随机过程包括维纳(Wiener)过程、伽马(Gamma)过程、逆高斯(Inverse Gaussian)过程等。这些随机过程用于剩余寿命预测的主要原理是将剩余寿命定义为随机过程达到失效阈值的首达时间,通过求解首达时间的概率分布,实现剩余寿命预测。

1. 维纳过程

维纳过程是一类具有线性漂移项的扩散过程,由标准布朗(Brownian)运动驱动,而布朗运动是均值为 0,方差与时间相关的高斯过程,最初用于描述微小粒子的随机游动。对于某个符合维纳过程的退化数据 $\{Z(t),t\geqslant0\}$,其满足:①$Z(0)=0$;②$Z(t)$满足独立增量的要求;③退化数据增量 $\Delta Z(t)=Z(t+\Delta t)-Z(t)$满足高斯分布,即退化增量 $\Delta Z(t)\sim N(\mu\Delta\xi(t),\sigma^2\Delta\xi(t))$,其中 $\Delta\xi(t)=\xi(t+\Delta t)-\xi(t)$,$\xi(t)$是用来描述退化数据和时间的关系函数。

维纳过程模型表示为 $Z(t)=\mu\xi(t)+\sigma B(\xi(t))$,其中 μ 是表征退化速率的参数,σ 是扩散参数,$B(\cdot)$ 表示标准布朗运动过程。此时,可以求解出退化增量 $\Delta Z(t)$ 的概率密度分布函数

$$l(\Delta Z(t)\mid\mu,\sigma)=\frac{1}{\sigma\sqrt{2\pi\Delta\xi(t)}}\exp\left(-\frac{(\Delta Z(t)-\mu\Delta\xi(t))^2}{2\sigma^2\Delta\xi(t)}\right) \tag{4-5}$$

则退化增量的期望、方差可以求得

$$E(\Delta Z(t))=\mu t \tag{4-6}$$

$$\mathrm{Var}[\Delta Z(t)]=\sigma^2 t \tag{4-7}$$

当将某产品的退化过程表征为维纳过程时,假定该产品的某个性能指标到达阈值 C 时,认定该产品失效。取该产品初次到达失效节点的时间为 T。分析维纳过程的特点,当产品到达时间 T 时,$\xi(t)$ 满足逆高斯分布。在 $\xi(t)=T$ 时,整个退化过程满足线性退化的维纳过程。由此可以求取其概率密度函数

$$l(t\mid\mu,\sigma)=\frac{C}{\sqrt{2\pi t}\sigma t}\exp\left(\frac{-(C-\mu T)^2}{2\sigma^2 T}\right) \tag{4-8}$$

根据上式可以求出该产品在 t 时刻的可靠度函数

$$R(t\mid\mu,\sigma)=\exp\left(\frac{2\mu C}{\sigma^2}\right)\cdot\Phi\left(\frac{C+\mu T}{\sigma\sqrt{t}}\right)+\Phi\left(\frac{C-\mu T}{\sigma\sqrt{t}}\right) \tag{4-9}$$

式中,$\Phi(\cdot)$ 为累积分布函数,且满足标准情况下的高斯分布。

2. 伽马过程

伽马过程是一类增量非负的单调随机过程,主要用于描述设备随机退化过程严格单调的情况。例如,磨损过程、疲劳扩展过程等一般随着时间会逐渐累积,退化的增量是非负的,对于这样的过程,采用伽马过程进行描述是自然的选择。对于伽马退化过程 $\{Z(t),t\geqslant0\}$ 其满足:①$Z(0)=0$;②$Z(t)$满足独立增量的要求;③退化数据增量 $\Delta Z(t)=Z(t+\Delta t)-Z(t)$满足伽马分布,即对于退化增量 $\Delta Z(t)\sim \mathrm{Gamma}(\Delta\theta(t),\lambda)$,其中 $\Delta\theta(t)=\theta(t+\Delta t)-\theta(t)$。式中,$\theta(t)$是表征形状参数,其在范围 $[0,+\infty)$ 上向右连续且非减,且 $\theta(0)=0$,λ 是尺度参数。基于上述描述,参数 $\{\Delta Z(t),t\geqslant0\}$ 的概率密度函数能表示为如下公式:

$$l(\Delta Z(t)\mid\theta(t),\lambda)=\frac{\lambda^{\theta(t)}\Delta Z(t)^{\theta(t)-1}\mathrm{e}^{-\lambda\Delta Z(t)}}{\Gamma(\theta(t))}K_{(0,+\infty)}(\Delta Z(t)) \tag{4-10}$$

$$\Gamma(\theta)=\int_0^\infty x^{\theta-1}\mathrm{e}^{-x}\,\mathrm{d}x \tag{4-11}$$

式中,$K_{(0,+\infty)}(\Delta Z(t))$ 是标示函数

$$K_{(0,+\infty)}(\Delta Z(t)) = \begin{cases} 1, & \Delta Z(t) \in (0,\infty) \\ 0, & \Delta Z(t) \notin (0,\infty) \end{cases} \quad (4\text{-}12)$$

可依据下面公式求出其期望、方差以及 COV 系数

$$E(\Delta Z(t)) = \frac{\theta(t)}{\lambda} \quad (4\text{-}13)$$

$$\mathrm{Var}[\Delta Z(t)] = \frac{\theta(t)}{\lambda^2} \quad (4\text{-}14)$$

$$\mathrm{Cov}[\Delta Z(t)] = \frac{1}{\sqrt{\theta(t)}} \quad (4\text{-}15)$$

当将某产品的退化过程表征为伽马过程时,假定该产品的某个性能指标到达阈值 C 时,认定该产品失效。取该产品初次到达失效节点的时间为 T,那么该产品在 t 时刻的可靠度函数可以表示为

$$R(t \mid \theta(t),\lambda) = P(T \geqslant t) = P(x(t) < C)$$
$$= \int_0^C l(x \mid \theta(t),\lambda)\mathrm{d}x = \int_0^C \frac{\lambda^{\theta(t)} x^{\theta(t)-1} \mathrm{e}^{-\lambda x}}{\Gamma(\theta(t))}\mathrm{d}x \quad (4\text{-}16)$$

产品的性能首次达到失效阈值所用的时间的累积分布函数可以表示为

$$L(t \mid C) = \frac{\Gamma(\theta(t),C/\lambda)}{\Gamma(\theta(t))} \quad (4\text{-}17)$$

可以求出概率密度函数

$$l(t \mid C) = \frac{\mathrm{d}(\Gamma(\theta(t),C/\lambda))}{\Gamma(\theta(t))\mathrm{d}t} \quad (4\text{-}18)$$

3. 逆高斯过程

逆高斯分布为一种重要的连续概率分布,同伽马分布一样都具有单调增的特性,相对维纳过程而言具有更加明确的物理意义。基于逆高斯分布的逆高斯过程模型寿命的概率密度函数和累积分布函数都具有闭式表达,因而在产品的性能退化可靠性建模、加速退化试验等研究中得到了广泛应用。对于满足严格单调衰减的退化数据 $\{Z(t),t \geqslant 0\}$ 其满足:①$Z(0)=0$;②退化数据增量 $\Delta Z(t) = Z(t+\Delta t) - Z(t)$ 之间相互独立,即前一时刻的增量与后一时刻的增量是相互独立的关系;③退化数据的增量满足分布 $\Delta Z(t) \sim IG(\Delta\psi(t),\eta\Delta\psi(t)^2)$,其中,$\Delta\psi(t) = \psi(t+\Delta t) - \psi(t)$,$IG(\Delta\psi(t),\eta\Delta\psi(t)^2)$ 表示逆高斯分布,其均值是 $\Delta\psi(t)$,方差是 $\Delta\psi(t)/\eta$。函数 $\psi(t)$ 是逆高斯函数的特征方程,满足 $\psi(0)=0$,$\psi(t)$ 向右连续且非递减。一般而言,若 $\psi(t)$ 线性变化,则逆高斯过程符合平稳随机变化;若 $\psi(t)$ 非线性变化,则逆高斯过程符合非平稳随机变化过程。

根据逆高斯函数的特点,可以求出退化数据增量 $\Delta Z(t)$ 的概率密度分布

$$l(\Delta Z(t) \mid \psi(t),\eta) = \sqrt{\frac{\eta\Delta\psi(t)^2}{2\pi\Delta Z(t)^3}} \exp\left(-\frac{\eta(\Delta\psi(t)-\Delta Z(t))^2}{2\Delta Z(t)}\right) \quad (4\text{-}19)$$

由上式可以求出退化数据增量的期望、方差和变异系数

$$E(\Delta Z(t)) = \psi(t) \tag{4-20}$$

$$\mathrm{Var}[\Delta Z(t)] = \frac{\psi(t)}{\eta} \tag{4-21}$$

$$\mathrm{Cov}(\Delta Z(t)) = \frac{\sqrt{\mathrm{Var}(\Delta Z(t))}}{E(\Delta Z(t))} = \frac{1}{\sqrt{\eta\psi(t)}} \tag{4-22}$$

当将某产品的退化过程表征为逆高斯过程时,假定该产品的某个性能指标到达阈值 C 时,认定该产品失效。取该产品初次到达失效节点的时间为 T。根据逆高斯过程的性质,其退化过程满足严格单调过程,求得故障时间节点的分布情况如下:

$$
\begin{aligned}
L(t \mid \psi(t), \eta) &= P(t > T \mid \psi(t), \eta) \\
&= \Phi\left(\sqrt{\frac{\eta}{C}}(C - \psi(t))\right) - \exp(2\eta\psi(t)) \cdot \Phi\left(-\sqrt{\frac{\eta}{C}}(\psi(t) + C)\right)
\end{aligned}
\tag{4-23}
$$

根据上式,可以求出 t 的概率密度分布为

$$
\begin{aligned}
l(t \mid \psi(t), \eta) &= \sqrt{\frac{\eta}{C}}\Phi\left(\sqrt{\frac{\eta}{C}}(\psi(t) - C)\right) \cdot \psi(t) - \\
& 2\eta\psi(t) \cdot \exp(2\eta\psi(t)) \cdot \Phi\left(-\sqrt{\frac{\eta}{C}}(\psi(t) + C)\right) + \\
& \sqrt{\frac{\eta}{C}}\exp(2\eta\psi(t)) \cdot \left(-\sqrt{\frac{\eta}{C}}(\psi(t) + C)\right)
\end{aligned}
\tag{4-24}
$$

因此对于该退化过程,其可靠性函数可以求出为

$$
\begin{aligned}
R(t \mid \psi(t), \eta) &= P(t < T \mid \psi(t), \eta) \\
&= \Phi\left(\sqrt{\frac{\eta}{C}}(C - \psi(t))\right) + \exp(2\eta\psi(t)) \cdot \Phi\left(-\sqrt{\frac{\eta}{C}}(\psi(t) + C)\right)
\end{aligned}
\tag{4-25}
$$

4. 基于多阶段退化建模的谐波减速器实时可靠性评估与寿命预测

1) 背景

谐波减速器作为一种复杂的高精度机械部件,其退化过程中存在明显的非线性和多阶段性特点。如果直接采用单一阶段退化模型进行建模,会衰减掉退化过程中各拐点处的趋势性信息,使得各阶段的寿命预测精度和可靠性评估的准确度大大降低。

2) 基本算法流程

基于多阶段退化模型的实时可靠性评估与剩余寿命预测流程主要步骤包括 3 个方面:退化模型先验分布参数估计、在役设备性能指标值预测和退化模型后验分布参数更新。流程如图 4-7 所示,实现步骤如下:

(1) 采用历史性能指标退化数据,建立基于 Gamma 过程的多阶段退化模型,

根据最大相关系数准则估计各阶段模型先验分布参数 α_i 和 β_i。

（2）对历史振动数据进行滤波处理，并进行特征提取。以历史振动特征为训练集输入，历史性能指标数据为训练集标签，建立基于高斯过程的回归预测模型，实现从振动特征到性能指标值的预测建模。

（3）将实时采集的振动数据作为预测模型输入，预测此时的性能指标值，并以此值对多阶段退化模型进行参数 α_i、β_i 的更新，使更新后的退化模型更适用于当前设备。通过更新后的参数预测设备的实时可靠度函数及剩余寿命。

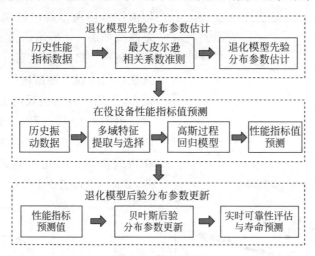

图 4-7　算法流程

3）方法效果

通过搭建谐波减速器试验台进行寿命试验，以采集历史退化数据，包括同步采集的振动数据和回转误差数据。其中回转误差数据作为谐波减速器的性能指标，表征谐波减速器的性能退化失效，用以建立多阶段退化模型。振动数据用来建立高斯过程的回归预测模型，实现对性能指标值的预测，进而通过该值对多阶段退化模型进行后验参数更新，以实现实时可靠度的评估和寿命预测。试验平台如图 4-8 所示。谐波减速器具体参数如表 4-5 所示。

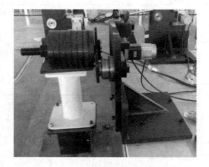

图 4-8　谐波减速器试验平台

表 4-5　谐波减速器参数

参　数　名　称	参　数　值	参　数　名　称	参　数　值
刚轮齿数	102	传动比	51
柔轮齿数	100	皮带轮齿数	40

为使得谐波减速器试验工况更接近于实际作业状态,设定负载端转矩为 30 N·m,电机转速按照 0—2 000 r/min—0——2 000 r/min—0 运转,使得谐波减速器带动负载砝码循环往复运动,正反转一周期历时 3 s。采用杠杆式千分表测量回转误差值,回转误差的失效阈值定为 105 角秒。采用三向振动传感器测量振动数据,采样频率为 5.12 kHz。试验从回转误差 50 角秒开始测量,共持续 12 周,每周五同一时间对其回转误差及振动进行测量,采集时间为 180 s,其余时间谐波减速器连续运行,每天工作时长 24 h。每次采集的振动数据长度为 921 600,回转误差数据取平

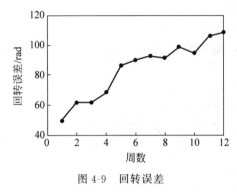

图 4-9　回转误差

均值作为该周当前回转误差值,回转误差曲线如图 4-9 所示。由于寿命预测时间间隔长,难以用于实际工程,故对谐波减速器回转误差数据进行 3 次样条插值拟合,得到回转误差观测值如图 4-10 所示。由图 4-10 可以看出,退化曲线存在两个明显的拐点,分别为第 22 和第 35 观测值位置。据此对其进行多阶段划分,如图 4-11、表 4-6 所示。

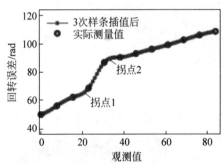

图 4-10　谐波减速器回转误差观测值

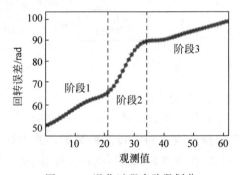

图 4-11　退化过程多阶段划分

表 4-6　退化过程多阶段划分

阶段	观测值范围	阈值/角秒	各阶段寿命/h	总寿命/h
1	1～22	65	504	
2	22～35	90	312	1 800
3	35～76	105	984	

基于蒙特卡洛方法对退化过程进行仿真并生成仿真退化数据。真实退化数据与仿真退化数据共同作为历史性能指标数据,用于可靠性建模。对各阶段退化增量 $\Delta Z(t)$ 进行 Gamma 过程拟合,采用最大似然估计方法估计各阶段模型参数,结果如表 4-7 所示。采用估计后的各阶段参数值,基于蒙特卡洛方法进行随机抽样并生成仿真退化曲线。各阶段退化轨迹如图 4-12 所示。

表 4-7　各阶段参数

参　　数	阶段 1	阶段 2	阶段 3
α	7.21	3.21	1.72
β	0.18	0.19	2.83

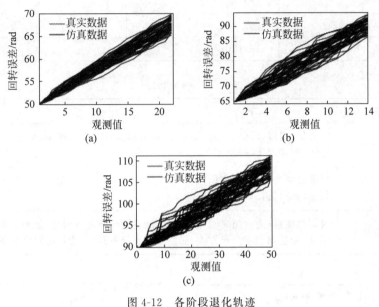

图 4-12　各阶段退化轨迹

(a) 阶段 1；(b) 阶段 2；(c) 阶段 3

图 4-12
（彩图）

设定 α，$\beta \in [0,30]$，间隔 0.01，基于皮尔逊相关系数准则进行参数估计，各阶段共计 90 000 组参数。选择各阶段相关度最高的 2 个参数作为先验分布的超参数 α_i、β_i，各阶段最高相关度及对应参数如表 4-8 所示。

表 4-8　各阶段最大相关系数

阶　　段	α	β	相关系数
1	6.70	0.20	0.99
2	3.20	0.20	0.98
3	2.00	2.30	0.99

据谐波减速器的参数计算最大转速 2 000 r/min 时的特征频率,如表 4-9 所示。对 12 周振动数据进行低通滤波处理,频率截止上限设为 500 Hz,以涵盖谐波减速器所有特征频率,并滤掉皮带轮的啮合频率。滤波后各周数据总长度仍为 921 600,截取各周样本长度为 30 000 作为一样本,共提取 30 个样本,12 周共计样本总数为 360 个。对所有样本进行时域、频域及时频域特征提取,共提取 26 种特

征,如表 4-10 所示。部分特征的 12 周特征趋势如图 4-13 所示。

表 4-9　特征频率

频 率 类 型	计 算 公 式	2 000 r/min 下特征频率/Hz
刚轮特征频率	$(2n/60)(1-1/i)$	65.36
轮特征频率	$2n/60$	66.67
波发生器自转频率	$n/60$	33.33
皮带轮啮合频率	$n/(60z)$	1 333.33

表 4-10　振动特征

特 征 类 型	特　　征
时域特征	均方根、峭度、峰值、方差、偏斜度、峰峰值、均值、幅值能量、峰值因子、波形因子、脉冲因子、裕度因子
频域特征	频带功率和、频带功率均值、频带功率方差、频带功率偏度、频带功率峭度、频带功率峰值、频带功率脉冲
时频特征	时频总能量、能量随时间分布方差、能量随时间分布斜度、能量随时间分布峭度、能量随频率分布方差、能量随频率分布斜度、能量随频率分布峭度

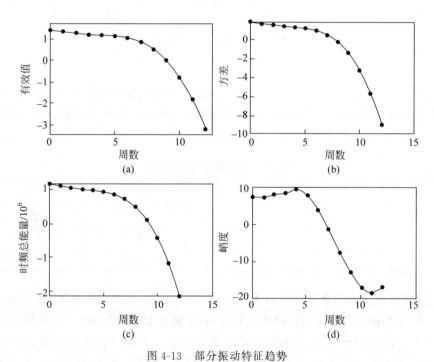

图 4-13　部分振动特征趋势

(a) 有效值特征趋势；(b) 方差特征趋势；(c) 时频总能量特征趋势；(d) 峭度特征趋势

从图 4-13 可看出,有些特征的趋势呈现单调趋势,而某些特征则无规律。然而随着谐波减速器不断退化,回转误差的变化是单调的,因此应选择单调趋势的特征进行预测建模。故本书根据特征趋势性,最终选择单调性较好的有效值、方差、幅值能量、频带功率和、频带功率均值及时频总能量 66 种特征组成特征向量进行预测建模,共计特征样本 360×6 个。

随机选取每周数据的 20 个样本特征集作为训练集输入,剩余 10 个样本特征集作为测试集输入,采用对应数量的回转误差数据作为训练集标签(240×1)和测试集标签(120×1)。其中测试集标签不参与预测建模过程,只用于评估模型的预测精度。由此建立高斯过程回归预测模型进行预测,图 4-14 所示为高斯过程回归模型预测结果。

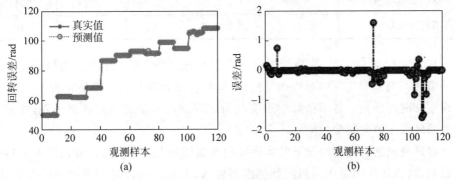

图 4-14　高斯过程回归模型预测结果

(a) 测试集预测结果；(b) 预测误差

为比较高斯过程回归模型与其他模型的预测精度,基于相同特征集,采用支持向量机回归模型和神经网络回归模型进行回归预测,模型参数如表 4-11 所示。同时为了更直观地比较预测精度,采用均方根误差(RMSE)、相对误差(RE)、拟合优度(R^2)、准确因子(A_f)以及运行时间(t),5 种评判指标进行评估。预测精度对比如表 4-12 所示。

表 4-11　模型参数

回归模型类别	参　数　名　称	参　数　值
高斯过程模型	推理函数	@infGaussLik
	均值函数	@meanConst
	协方差函数	@covRQiso
	似然函数	@likGauss
神经网络模型	最大迭代次数	1 000
	目标误差	0.001
	学习率	0.01
	训练迭代过程	50

续表

回归模型类别	参数名称	参数值
支持向量机模型	核函数类型	RBF
	损失函数	0.1
	核函数参数 c	设定范围均为$[-10,10]$,间隔
	核函数参数 g	0.5,交叉验证进行参数寻优

表 4-12　模型预测精度判别

模　型	RMSE	RE	R^2	A_f	t/s
神经网络模型	1.81	2.10	0.990 0	1.041	6.50
支持向量机模型	1.50	1.74	0.993 0	1.024	18.42
高斯过程模型	0.29	0.34	0.999 8	1.002	1.01

从表 4-12 可以看出,高斯过程回归模型的均方根误差和相对误差要远小于神经网络回归模型和支持向量机回归模型,拟合优度和准确因子也更接近于 1,同时建模所耗时间最短。各项指标均表明高斯过程回归模型的预测效果最好,能够实现对回转误差值的精确预测。

将谐波减速器当前时刻下的实测振动数据按照上述方式进行滤波及 6 种特征的提取,将该特征向量作为回归预测模型输入,预测出当前时刻下的回转误差值,并基于此值对高斯过程模型进行后验分布参数进行更新,计算出当前时刻下的谐波减速器的实时可靠度曲线,如图 4-15 所示。设定可靠度为 0.01 时设备已失效,此时的寿命即为谐波减速器总体可靠寿命。例如图中 N_{18} 曲线,当可靠度为 0.01 时,总体可靠寿命为 466.5 h,此时谐波减速器已工作 408.0 h,则可得出剩余寿命的预测值为 58.5 h,其他曲线以此类推。

为使预测结果更为直观,绘制阶段 2 的剩余寿命真实值与预测值进行对比说明,如图 4-16 所示。从图 4-16 可看出,随着退化量的增加,谐波减速器的实时可靠性和剩余寿命的预测准确度逐渐提高,不断接近于真实值。

为比较多阶段退化模型和单一阶段退化模型的预测效果,再次采用单一阶段的 Gamma 过程进行建模,并对两方法的寿命预测结果进行比较,结果如表 4-13 所示。

从表 4-13 中可以看出,在阶段 1 和阶段 3 中,多阶段退化模型的预测结果比单一阶段退化模型更接近于真实值,且随着退化数据的增多,多阶段退化模型的预测效果逐渐提高,误差较小;在阶段 2 中,多阶段退化模型的预测精度要远高于单一阶段预测模型,且随着退化量的增加,多阶段模型的预测效果逐渐接近真实值,误差极小。

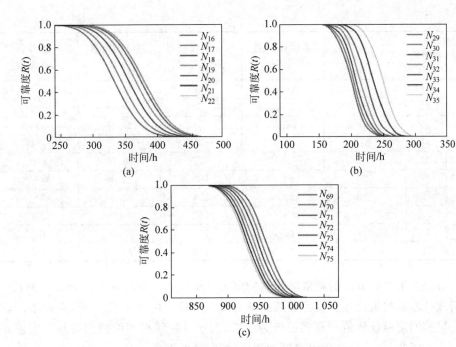

图 4-15（彩图）

图 4-15　多阶段退化过程实时可靠度

（a）阶段 1；（b）阶段 2；（c）阶段 3

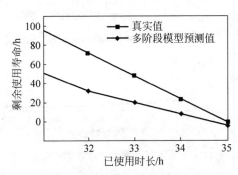

图 4-16　阶段 2 剩余寿命预测

表 4-13　剩余寿命预测

h

阶段	观测值	真实剩余寿命	多阶段预测剩余寿命	单一阶段预测剩余寿命	多阶段预测寿命差值	单一阶段预测寿命差值
1	18	96	58.50	102	37.50	6
	19	72	49.50	114	22.50	42
	20	48	34.50	114	13.50	66
	21	24	13.50	102	10.50	78
	22	0	−10.50	54	10.50	54

续表

阶段	观测值	真实剩余寿命	多阶段预测剩余寿命	单一阶段预测剩余寿命	多阶段预测寿命差值	单一阶段预测寿命差值
2	31	96	51.75	−498	44.25	594
	32	72	32.25	−534	39.75	606
	33	48	20.25	−546	27.75	594
	34	24	8.25	−570	15.75	594
	35	0	−3.75	−570	3.75	570
3	71	120	159.00	186	39.00	66
	72	96	129.00	174	33.00	78
	73	72	105.00	162	33.00	90
	74	48	75.00	150	27.00	102
	75	24	45.00	126	21.00	102

　　阶段 2 下 2 种方法的谐波减速器的剩余寿命预测结果如图 4-17 所示。阶段 2 为谐波减速器的退化过程发生明显曲率变化的阶段。由图 4-17 可见,此时多阶段退化模型的寿命预测值与真实值极为接近,而单一阶段模型的预测值与真实值相差较大。因此,多阶段退化模型更为适用,预测精度更高。

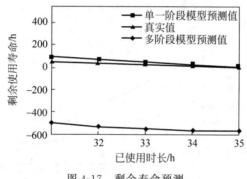

图 4-17　剩余寿命预测

4.2 基于大数据与人工智能的退化预测和寿命预测技术

　　随着信息技术和传感器技术的迅猛发展,数据驱动的剩余寿命预测技术由于适用范围广、容易实现、无需深入专业机理知识等优点,作为其中典型代表的数理统计分析方法已获得了大量研究和蓬勃发展,得到了学术界和工业界的广泛关注,相关技术已经在导弹武器、航空航天、风力发电、工业制造等领域产生了重要应用。但数理统计分析方法处理大数据能力不足,因此在大数据背景下,结合人工智能方法进行退化预测和寿命预测具有重要意义。在第 3 章中,已对神经网络和迁移学习做出了概述,因此在本节将着重介绍基于大数据分析的神经网络和迁移学习的方法在设备退化预测和寿命预测中的应用。

4.2.1　基于神经网络的设备退化预测和寿命预测

装备在运行过程中受到机械应力和热应力的共同作用产生疲劳损伤直至故障失效。基于状态监测的动力装备 PHM 得到广泛关注,其主要可以分为状态监测和数据获取、特征提取和选择、故障诊断和健康评估以及系统维护策略等内容。以多传感器监测为基础,从多类监测信号(振动信号、温度信号、油压信号、声发射信号和电信号等)提取具备故障相关性的各类特征用于故障检测及剩余寿命预测,可以有效地降低系统维护成本,避免停机事故的发生。

浅层网络在应对装备退化不确定性时难以高度抽象地深度提取退化特征,只能获取一般的浅层表示。装备退化性能评价涉及评估模型在不同装备件的参数调整和适应,需要评估模型对采集信号进行深层次的特征挖掘和提取,是一类典型的深度学习问题。装备性能监测数据往往存在严重的信息冗余,增加特征选择和降维的难度。深度自编码网络(DAE)包含多个隐藏层,可以从训练数据中深层次地无监督式自学习,从而获得更好的重构效果。同时退化评估模型应结合时序数据的互相关性来综合判断装备性能,获取装备退化状态的量化判断。针对多维特征提取降维和退化信号时序相关性建模 2 个问题,提出了一种基于 DAE-LSTM 的装备退化评估方法,通过无监督式的特征自学习降维和监督式反向微调得到特征提取器,将优化后的特征序列作为长短时循环神经网络的输入。通过长短时循环神经网络获取退化过程信息的互相关性,从而充分利用装备退化过程数据的完整信息来定量评估装备退化状态。

基于 DAE-LSTM 的退化评估方法流程如图 4-18 所示。从多传感器监测信号中提取出信号的统计特征后,将训练数据的退化特征数据集作为 DAE 网络的输入,利用 DAE 无监督式自学习从高维特征信号提取出与故障高度相关的低维退化信号。为了保证降维编码与故障特征的最大相关性,通过低学习率带标签微调学习的方法调整 DAE 的权值参数。参数微调后的 DAE 编码按时间排列后作为 LSTM 网络的输入。在构建 DAE 和 LSTM 网络时,采取了中间隐藏层堆叠的方法,将原本需要的中间层各层节点数简化成 2 个网络参数,即中间隐藏层数和中间隐藏层节点数,避免了层数不确定时节点数无法选取和层数多时网络参数过多的问题。网络结构参数可以采用粒子群算法确定。

为了验证所提基于 DAE-LSTM 的装备退化评估方法在工业数据上的有效性,对铣刀磨损数据进行分析。实验数据来源于美国国家航空航天局艾姆斯(Ames)研究中心,共包含 16 组刀具磨损退化的监测数据。每组数据包含

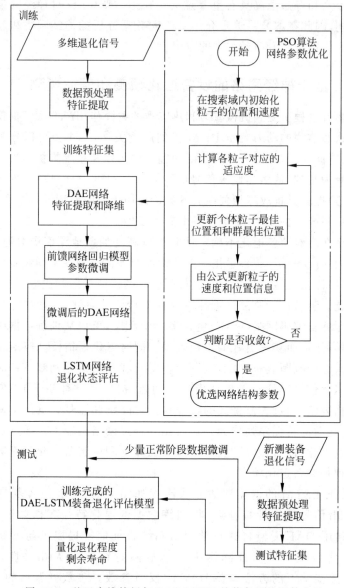

图 4-18 基于多维特征与 DAE-LSTM 的装备退化评估方法

不同数量的信号样本,均采集了刀具磨损过程中的振动信号、声发射信号和电流信号,采样频率为 250 Hz。各组数据采集时的工况和铣刀最终磨损情况见表 4-14。

第 1 次采样时(CASE1)各监测传感器获取的原始时域信号如图 4-19 所示,分别为主轴交流电动机电流信号、主轴直流电动机电流信号、工作台面振动信号、机床主轴振动信号、工作台面声发射信号和机床主轴声发射信号。

表 4-14 铣刀数据的工况和磨损情况

CASE	采样个数	最终磨损量	切割深度	切割速度	材料	CASE	采样个数	最终磨损量	切割深度	切割速度	材料
1	17	0.44	1.5	0.5	铸铁	9	9	0.81	1.5	0.5	铸铁
2	14	0.55	0.75	0.5	铸铁	10	10	0.7	1.5	0.25	铸铁
3	16	0.55	0.75	0.25	铸铁	11	23	0.76	0.75	0.25	铸铁
4	7	0.49	1.5	0.25	铸铁	12	15	0.65	0.75	0.5	铸铁
5	6	0.74	1.5	0.5	钢	13	15	1.53	0.75	0.25	钢
6	1	0	1.5	0.25	钢	14	10	1.14	0.75	0.5	钢
7	8	0.46	0.75	0.25	钢	15	7	0.7	1.5	0.25	钢
8	6	0.62	0.75	0.5	钢	16	6	0.62	1.5	0.5	钢

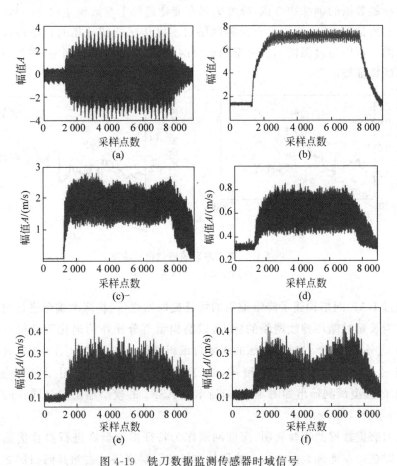

图 4-19 铣刀数据监测传感器时域信号

(a) 主轴交流电动机电流信号;(b) 主轴直流电动机电流信号;(c) 工作台面振动信号;
(d) 机床主轴振动信号;(e) 工作台面声发射信号;(f) 机床主轴声发射信号

由时域数据可以看出铣刀在进行切割工序时,刀具有进入阶段、稳定切割阶段和退出阶段,选取稳定切割阶段的信号进行分析。从 6 个传感器监测数据中提取其有效值、绝对均值、方差和峰峰值 4 个时域特征形成训练数据特征集作为深度自编码网络的训练样本,将 24 维高维特征样本经由深度自编码特征提取器进行特征降维和提取。降维编码后的重构误差作为粒子群算法参数更新的适应度,由此确定网络结构参数。降维编码的回归模型输出如图 4-20 所示,回归模型的标签值为刀具磨损量。

在对 CASE1 数据的特征进行降维编码时,采用 CASE1 之外的 15 个 CASE 的数据作为训练数据进行深度自编码网络的训练,CASE1 的降维编码经由回归模型输出后如图 4-20(a)所示。采用 CASE2 之外的 15 个 CASE 的数据作为训练数据进行深度自编码网络的训练,CASE2 的降维编码经由回归模型输出后如图 4-20(b)所示。由降维编码的回归输出可以看出,降维编码保留的信息和磨损量高度相关。经过有标签数据的训练和微调,降维编码在变化趋势上与磨损量保持一致,但是在幅值上有所偏差,这表明深度自编码网络对多维传感器特征集的特征提取和降维是有效的。可以通过保留回归模型的低层网络,即深层自编码网络,作为新测得退化数据的特征提取器。

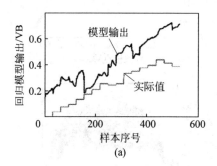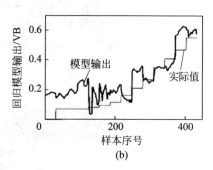

图 4-20　降维编码的回归模型输出
(a) CASE1;(b) CASE2

通过 DAE 网络构建了降维编码的特征提取器之后,将降维编码进行时间步设置后作为长短时循环神经网络的输入,以磨损量百分比作为退化程度标签。通过 CASE1 之外的 15 个 CASE 训练的深度自编码特征提取器,对 CASE1 特征集进行降维编码。在 LSTM 退化模型中,这 15 个 CASE 的数据用于带标签训练。CASE1 的模型预测输出如图 4-21(a)所示,CASE2 的模型输出通过同样的做法获得,如图 4-21(b)所示。

铣刀磨损数据的实验表明,深度网络作为特征提取器在进行参数优选的训练之后可以获得在训练数据上拟合效果足够好的深层网络。去除其回归层之后的低层网络在差异不大的同类测试数据中仍然有较好的特征提取效果,这表明深层网络可以在浅层学习到一般而概括的特征,并将浅层特征进一步抽象提取和深度挖掘。将低层特征编码作为输出结合其他深度网络模型进行后处理即可得到适用于装备退化评估的深度学习模型。

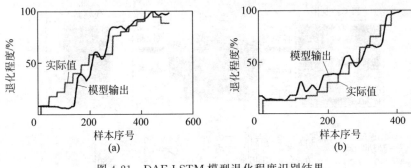

图 4-21 DAE-LSTM 模型退化程度识别结果

(a) CASE1；(b) CASE2

4.2.2 基于迁移学习的设备退化预测和寿命预测

针对电梯制动器作为高可靠性设备,其衰退周期长,在真实工作环境中全生命周期下的大量标注数据不易被采集的问题,基于映射的无监督深度迁移学习(UDTL)法,利用仿真制动器的训练网络判定实际制动器的健康状态,从而对真实工作环境中电梯制动器的剩余寿命进行精准预测。方法概括如下:

该方法借助长短期记忆网络自编码器(LSTM-ED)实现对原始数据的特征提取。其根据健康数据训练模型,将网络重构序列与原始序列的差方序列作为特征序列,因此特征领域实际是传感器数据在时间序列上异常值的数据表征,从而保证了不同设备在特征领域中均具有一定的相似性;结合最大平均差异实现仿真数据与实际制动器数据在特征领域的再次对齐,从而保证两者在特征序列上的一致性,提高预测精度。同时,用分步训练法代替传统的联合训练法。在预测过程中,提出在线微调的方法,利用得到的新数据逐步更新特征提取器,从而实现对新设备的高精度寿命预测。

1. 源领域和目标领域

仿真实验平台由迅达曳引机、PLC 控制柜和变频器组成,如图 4-22(a)所示。其中,a 为加速度,D 为制动距离,d 为间隙,L_1 为声强级,N 为运行次数。变频器和制动器(110 V 直流电压)联动能够加速制动器的制动失效,从而仿真制动器制动力不足的失效模式。基于上述方法,采集得到制动器从初始状态运行至失效的全生命周期数据(见图 4-22(b)),并将其作为源领域数据。当制动器在宁波申菱电梯塔(见图 4-23(a))运作时,人工定期检查得到制动器从初始状态运行至失效的全生命周期数据(见图 4-23(b)),并将其作为目标领域数据。利用源领域数据训练模型,并基于特征映射的迁移学习法实现对目标领域的剩余寿命精确预测。

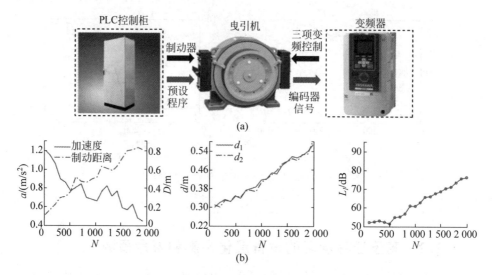

图 4-22　制动器仿真实验

（a）制动器仿真实验平台示意图；（b）仿真实验数据

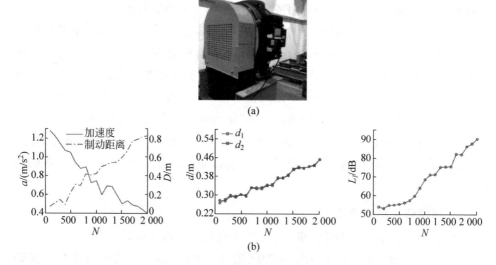

图 4-23　宁波申菱电梯塔实验

（a）宁波电菱电梯塔平台；（b）真实电梯数据

2. 无监督的深度迁移学习算法

无监督的深度迁移学习算法的整体框图如图 4-24 所示,算法的损失函数为

$$L = \alpha L_{\text{rec}} + \beta L_{\text{MMD}} + \gamma L_r \tag{4-26}$$

式中,L_{rec} 为重构模型的损失,L_{MMD} 为源领域的特征序列与目标领域的特征序列的迁移损失,L_r 为回归的损失;α、β 和 γ 为 3 个损失的修正系数。

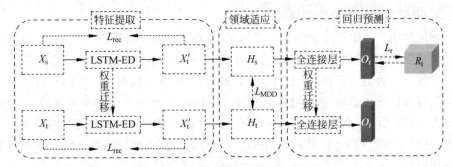

图 4-24　无监督的深度迁移学习算法

典型的迁移学习多采用将目标领域和源领域的数据整合在一起训练,即将 α、β 和 γ 均设为非零值进行联合训练。该训练模式未考虑各损失函数的实际意义,易导致对源领域数据的过拟合,而对目标领域数据的预测结果不理想。此外,该方法需要完整的目标领域数据,因此在实际运用中无法对目标领域设备进行在线预测。对此,提出一种分步训练方法,其通过保证各模块的准确性实现 RUL 精准预测,具体步骤:

(1) 令 $\beta = \gamma = 0$,将源领域中前 10% 的数据作为健康状态数据输入,从而更新 LSTM-ED 网络的权重和偏置。根据训练得到的重构网络,将输入序列转化为与输入等长的特征序列,并将这一过程定义为特征提取。

(2) 在进行回归预测训练时,令 $\alpha = \beta = 0$,即将源领域数据的回归误差作为更新权重的损失函数,同时固定 LSTM-ED 的权重不变,仅更新全连接层的权重和偏置。

(3) 权重迁移利用源领域学习得到的 LSTM-ED 网络和全连接网络,初始化目标领域网络。通过特征提取模块,将新得到的目标领域序列转化为 $\boldsymbol{H}_t$,并将 $\boldsymbol{H}_t$ 与源领域特征序列 $\boldsymbol{H}_s$ 进行领域适应,即令 $\alpha = \gamma = 0$,利用损失函数更新 LSTM-ED,从而减小 $\boldsymbol{H}_t$ 与 $\boldsymbol{H}_s$ 的分布误差。

(4) LSTM-ED 网络能够针对目标领域数据进行传感器异常监测,因此利用由步骤(3)更新后的 LSTM-ED 参数得到新特征序列,并将其输入到全连接网络中得到当前预测的剩余寿命。该算法预测的剩余寿命值均小于1,其含义为剩余生命周期占总生命周期的比例。若预测值小于 90%,则直接将其作为该点的 RUL 值;若预测值大于 90%,则说明该时间段内的数据为电梯制动器前 10% 的健康生命周期数据,需要根据 LSTM-ED 的异常值检测特性,令 $\beta = \gamma = 0$、$\alpha = 1$,再次训练更新 LSTM-ED 参数,并利用新 LSTM-ED 得到新特征序列,将其作为全连接网络的输入值,重新预测该点的剩余寿命。

其中,步骤(1)和步骤(2)为利用源领域数据进行训练网络,完成之后即可得到针对源领域数据的高精度剩余寿命预测算法。步骤(3)和步骤(4)为借助目标领域数据进行在线微调训练并得到预测结果。

3. 电梯制动器剩余寿命预测性能

利用传感器网络连续采集制动器间隙、编码器读数、摩擦噪声和制动加速度等相关物理参数,并将数据预处理后作为 LSTM-ED 网络输入。截取仿真数据中前 10% 的数据作为健康数据,对 LSTM-ED 进行训练,并利用训练好的网络将传感器数据投射到如图 4-25 所示的特征区域中,其中 F 为经学习得到的特征值,ε 为运行进度(运行时间占总寿命的比例)。可知,5 个特征值($F1 \sim F5$)随时间的增加而增大,且增大趋势相似,表明 LSTM-ED 可以作为特征提取器并有效地反映制动器衰退现象。

利用全连接网络对 LSTM-ED 提取的特征进行回归预测,并利用仿真数据中的真实寿命训练全连接网络。经训练后,仿真数据的损失函数降低至小于 0.015,即得到针对源领域数据的高精度剩余寿命预测算法。

利用在线微调方法即步骤(3)和步骤(4),进一步训练 LSTM-ED 的特征提取器参数,并基于新的特征提取器将电梯塔中的数据转化为如图 4-26 所示的特征数据。可知,该提取器同样可以作为特征提取器并有效地反映制动器衰退现象。

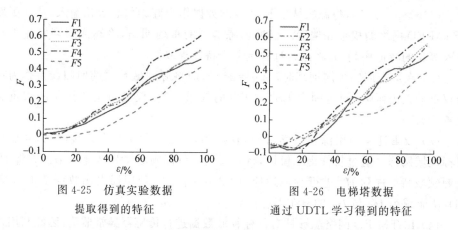

图 4-25　仿真实验数据　　　　　　图 4-26　电梯塔数据
　　　提取得到的特征　　　　　通过 UDTL 学习得到的特征

在预测过程中,利用全连接层预测回归得到的特征,预测结果如图 4-27 所示。由图可知,剩余寿命的预测曲线与真实曲线的吻合度较高。为量化 UDTL 的预测结果,引入平均绝对值误差(MAE)、均方误差(MSE)和均方根误差(RMSE),经计算 MAE=0.03、MSE=0.001 6、RMSE=0.04。可知,利用 UDTL 预测的误差均很小,表明 UDTL 可以有效预测真实工况下的电梯制动器剩余生命周期。

同时为验证 UDTL 的有效性,将未进行迁移学习的预测算法和传统训练法作为对比,进行电梯塔数据的剩余寿命预测,并计算不同方法下电梯塔的剩余寿命预测误差,结果如表 4-15 所示。可知,在 MSE 方面,UDTL 方法较无迁移学习的情况降低了 59%,较传统训练法降低了 54%,证明该方法能够有效提高电梯制动器寿命预测的准确度。

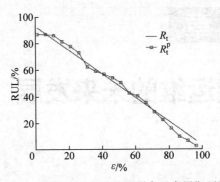

图 4-27   UDTL 对电梯塔的剩余生命周期预测

表 4-15   不同方法下电梯塔的剩余生命周期预测误差

方法	MAE	MSE	RMSE
无迁移学习	0.053	0.003 9	0.063
传统训练法	0.045	0.003 5	0.059
UDTL	0.030	0.001 6	0.040

第5章

智能运维的未来发展

伴随着科技革新,状态监测与故障诊断系统的监测手段已由振动参数拓展至油液、扭矩、功率、能量损耗等多元参数;监测对象由旋转机械扩展到发动机、工程施工机械以及生产线;时空范围由当地扩大到远程实时监测;此外借助深度学习、边缘计算等智能算法,状态监测与故障诊断系统可对设备运行、维护、维修及备件采购等提供科学决策支撑。未来,随着工业设备制造和工程系统的复杂性日益增长,系统安全性与可靠性将成为轨道交通、风电、汽车、钢铁等大型企业的核心要素之一;此外,工业互联网的加速渗透将进一步推动企业的数字化、智能化转型,智能运维的市场需求有望扩大。

在《2019—2024 年预测维护市场报告》中,知名物联网分析机构 IoT Analytics 公司预计,2018 年全球预测维护市场规模达 33 亿美元,预计到 2024 年,其复合年增长率将超过 39%,达到 235 亿美元,如图 5-1 所示。报告显示,与 2017 年的数据相比,专注于预测性维护市场的供应商数量增加了 1 倍。

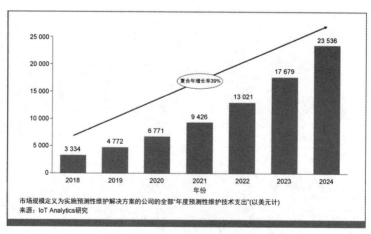

图 5-1　全球预测性维护市场规模预测

全球预测性维护市场规模(百万美元)

预测性维护作为智能运维的核心一环,其市场规模的不断扩大,以及涉及投入的企业种类越来越多,势必会向着更加智能化的方向发展,也势必会带动智能运维的高速发展。当前,设备的智能运维主要集中在通过设备监控大数据与专家经验以及人工智能方法相结合,实现对设备状态的实时分析并给出预测性维护意见。随着工业互联网技术和智能传感以及人工智能等技术的大力发展,以及新技术的引入,智能运维体系将进一步成熟,并必将与设备的全生命周期管理相融合。本章将在信息物理系统、知识图谱技术、设备精益管理、产品再设计以及工业互联网平台的融合方面作基本介绍。

5.1　信息物理系统融合

5.1.1　信息物理系统概述

信息物理系统(cyber-physical system,CPS)是一个集成了信息网络世界和动态物理世界的多维复杂的系统。通过计算、通信和控制的集成和协作,CPS 提供实时传感、信息反馈、动态控制等服务。通过紧密连接和反馈循环,物理和计算过程高度相互依赖。通过这种方式,信息世界与物理过程高度集成和实时交互,以便以可靠、安全、协作、稳健和高效的方式监控物理实体。

CPS 的架构主要包含 2 个主要部分:一是先进的工业设备的连通性,以保证数据实时地在实体空间与网络空间之间流动;二是智能的数据分析技术,以构筑网络空间。然而,与通常意义的数据分析不同,CPS 更加强调实体空间与网络空间的互相依存关系,而这种关系在实体空间上的体现便是连通性,在网络空间上的体现便是智能的数据分析。根据 CPS 的特点,其体系架构主要可以设计为由 5 个层级构成,简称为"5C"架构。这个架构为建立工业场景中的 CPS 系统提供了理论支持与参考。"5C"架构具体如图 5-2 所示。

(1) 智能感知层(smart connection level)。智能感知层作为网络空间与实体空间交互的第 1 层,肩负着建立连通性的使命。这一层主要负责数据的采集与信息的传输,其可能的形式之一是利用本地代理在机器上采集数据,在本地做轻量级的分析来提取特征,之后通过标准化的通信协议将特征传输至能力更强的计算平台。值得一提的是,由于工业设备对智能分析运算的及时性要求非常高,原始数据体量庞大传输成本高,且其中包含大量的知识产权信息,在这一层直接将所有原始数据传输至云端分析不仅成本高昂,而且风险巨大。与原始数据相比,特征是提炼后的诊断信息,维度更小,其经过处理后可以在保留诊断信息的情况下最大限度隐匿知识产权信息。显然,将特征而非数据作为本地与云端的交互媒介更为合理。随着边缘计算、雾运算与云运算协同工作机制的不断完善,智能感知层的将可以自动为复杂的预测性分析提供"有用信息",成为网络空间的数字化入口。

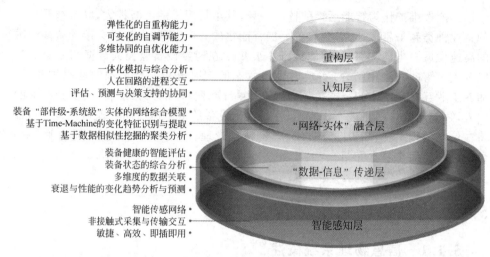

弹性化的自重构能力·
可变化的自调节能力·
多维协同的自优化能力·

重构层

一体化模拟与综合分析·
人在回路的进程交互·
评估、预测与决策支持的协同·

认知层

装备"部件级-系统级"实体的网络综合模型·
基于Time-Machine的变化特征识别与提取·
基于数据相似性挖掘的聚类分析·

"网络-实体"融合层

装备健康的智能评估·
装备状态的综合分析·
多维度的数据关联·
衰退与性能的变化趋势分析与预测·

"数据-信息"传递层

智能传感网络·
非接触式采集与传输交互·
敏捷、高效、即插即用·

智能感知层

图 5-2　CPS 的"5C"架构

（2）"数据-信息"传递层（data-to-information conversion level）。在数据导入后，需要对其进行预测性分析来将数据转化为用户可执行的信息。在这一层，PHM 技术发挥着核心作用。根据不同的工业场景，机器学习与统计建模的算法可以识别数据的模态来进行故障检测、故障分类与故障预测。高维的数据流将被转化为低维的、可执行的实时健康信息，为用户迅速做决策提供实证支持。由于工业大数据本身"3B"的特点，即数据质量差、碎片化、场景性强的特点，这一层能够有效作用的关键是算法场景化的快速，以及适应变化工况的鲁棒性。

（3）"网络-实体"融合层（cyber level）。网络层是整个 CPS 的核心。它是"5C"体系架构的信息集散中心，也是发挥 CPS 对于互联、大量机器建模优势的关键层。在网络层中，基于群组的预诊断技术可以将大量相似设备的信息进行聚类，根据本地集群建立更为符合该集群状态的基线来进行预测。同时，"时间机器"技术将可以离散化设备寿命周期，记录某类设备健康状态变化在寿命周期中的时机，以及可能出现的问题。这种离散化提炼后的寿命周期信息将可以在同类设备中广泛规模化，将使对只有少量历史数据的同类设备建模速度极大提升。同时，对等相较的建模技术也可以让用户发现单机 PHM 无法发现的隐藏问题，从而优化设备的使用方式，延长设备使用寿命。

（4）认知层（cognition level）。CPS 在这一层将综合前 2 层产生的信息，为用户提供所监控系统的完整信息。这一层 CPS 应该提供设备维护的可执行信息：机器总体的性能表现机器预测的趋势、潜在的故障、故障可能发生的时间、需要进行的维护以及最佳的维护时间。

（5）重构层（configuration level）。根据认知层提供的信息，用户或者控制系统将要对设备实体进行干预，使其保持在用户能够接受的性能范围之内，避免非预期的故障停机。这一层是网络空间对实体空间的反馈，是对设备健康状况的洞察为用户创造价值的关键步骤。

5.1.2　信息物理系统与数字孪生的联系

整个 CPS 系统以数据为载体,建立了实体设备的"网络孪生"。

1) 网络孪生与数字孪生的作用

(1) 网络孪生的作用。网络孪生能够实时反映实体系统的变化并预测可能发生的后果,警示用户,同时主动作用于实体系统,延长使用寿命,避免非预期的故障停机,实现无忧生产,为用户创造价值。

(2) 数字孪生的作用。数字孪生是与 CPS 高度相关的概念。数字孪生在信息世界中创建物理世界的高度仿真的虚拟模型,以模拟物理世界中发生的行为,并向物理世界提供反馈模拟结果或控制信号。数字孪生这种双向动态映射过程与 CPS 的核心概念非常相似。

2) 网络孪生与数字孪生的对比

(1) 从功能上看。数字孪生和 CPS 在制造业的应用目的一致,都是为了使企业能够更快、更准确地预测和检测现实工厂的问题,优化制造过程,并生产更好的产品。CPS 被定义为计算过程和物理过程的集成,而数字孪生则要更多地考虑使用物理系统的数字模型进行模拟分析,执行实时优化。在制造业的情景中,CPS 和数字孪生都包括 2 个部分:物理世界部分和信息世界部分,真实的生产制造活动是由物理世界来执行的,而智能化的数据管理、分析和计算,则是由虚拟信息世界中各种应用程序和服务来完成的。物理世界感知和收集数据,并执行来自信息世界的决策指令,而信息世界分析和处理数据,并作出预测和决定。物理世界和信息世界之间无处不在的密集连接,实现了二者之间的相互影响和迭代演进,而丰富的服务和应用程序功能,则让制造业的人员参与二者的交互影响与控制过程,从而提升了企业的控制能力与经济效益。

(2) 从架构上看,数字孪生和 CPS 都包括了物理世界、信息世界,以及二者之间的数据交互,然而二者具体比较,则有各自的侧重点。CPS 强调计算、通信和控制的"3C"功能,传感器和控制器是 CPS 的核心组成部分,CPS 面向的是 IoT 基础下信息与物理世界融合的多对多连接关系。CPS 更强调信息世界的强大计算和通信能力,这可以提高物理世界的准确性和效率。此外,研究人员提出的所有 CPS 体系结构无论是 3 层结构、5 层结构,还是面向服务的体系结构都侧重于控制,而不是镜像模型,而数字孪生更多地关注虚拟模型,虚拟模型在数字孪生中扮演着重要的角色,数字孪生根据模型的输入和输出,解释和预测物理世界的行为,强调虚拟模型和现实对象一对一的映射关系。相比之下,CPS 更像是一个基础理论框架,而数字孪生则更像是对 CPS 的工程实践。

(3) 从产品全寿命周期的角度来看。数字孪生技术可以在产品的设计研发、生产制造、运行状态监测和维护、后勤保障等各个阶段对产品提供支撑和指导。

5.1.3 信息物理系统与智能运维

对于能够实现智能互联的复杂产品,尤其是高端智能装备,将实时采集的装备运行过程中的传感器数据传递到其数字孪生模型进行仿真分析,可以对装备的健康状态和故障征兆进行诊断,并进行故障预测;如果产品运行的工况发生改变,对于拟采取的调整措施,可以先对其数字孪生模型在仿真云平台上进行虚拟验证,如果没有问题,再对实际产品的运行参数进行调整。ANSYS的数字孪生技术在风电行业进行应用,通过运用数字孪生技术,可以帮助风电企业避免非计划性停机,实现预测性维护和运行控制与优化。

GE航空对于正在空中运行的航空发动机进行实时监控,一旦出现故障隐患,可以通过对数字孪生模型的分析来预测风险等级,及时进行维修维护,显著提升飞行安全性。GE航空通过数字孪生模型记录了每台航空发动机每个架次的飞行路线、承载量,以及不同飞行员的驾驶习惯和对应的油耗,通过分析和优化,可以延长发动机的服役周期,并改进发动机的设计方案。

在数字孪生应用领域,GE与ANSYS公司开展了战略合作。通过数字孪生技术的应用,实现产品的健康管理、远程诊断、智能维护和共享服务。通过结合传感器数据和仿真技术,帮助客户分析特定的工作条件并预测故障,从而节约运维成本。GE航空通过汇总设计、制造、运行、完整飞行周期的相关数据,预测航空发动机的性能表现。

西门子将来自智能传感器的温度、加速度、压力和电磁场等信号和数据,以及来自数字孪生模型中的多物理场模型和电磁场仿真及温度场仿真结果传递到Mindsphere平台,通过进行对比和评估,来判断产品的可用性、运行绩效和是否需要更换备件。

5.2 知识图谱技术

5.2.1 知识图谱概述

知识图谱用于以符号形式描述物理世界中的概念及其相互关系。其应用服务架构如图 5-3 所示。

随着智能信息服务应用的不断发展,知识图谱已被广泛应用于智能搜索、智能问答、个性化推荐等领域。

1. 知识图谱的特点

知识图谱具有以下 3 个特点:

(1) 数据及知识的存储为有向图结构,该结构允许知识图谱有效地存储数据和知识之间关联关系。

（2）具备高效的数据和知识的检索能力，知识图谱的图匹配算法可以实现高效的数据和知识的访问。

（3）具备智能化的数据和知识推理能力，实现自动化、智能化的从已有知识中发现和推理多角度的隐含知识。

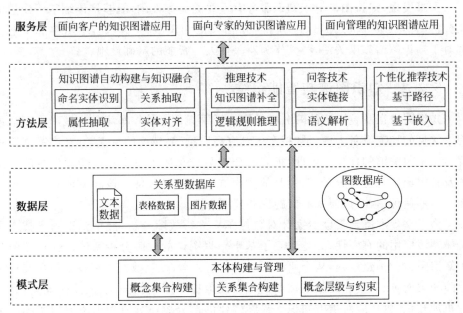

图 5-3　知识图谱应用服务架构

2. 知识图谱的优点

知识图谱具有以下优点：

（1）语义表达能力丰富，能够支持很多知识服务应用任务。知识图谱源于语义网络，是一阶谓词逻辑的简化形式，并在实际应用中通过定义大量的概念和关系类型丰富了语义网络的内涵。一方面，它能够描述概念、事实、规则等各个层次的认知知识；另一方面，它也能够有效组织和描述人类在自然环境和社会活动中形成的海量数据，从而为各类人工智能应用系统奠定知识基础。

（2）描述形式统一，便于不同类型知识的集成与融合。知识图谱以语义网络的资源描述框架规范形式对知识体系和实例数据进行统一表示，并可以通过对齐、匹配等操作对异构知识进行集成和融合，从而支撑更丰富、更灵活的知识服务。

（3）表示方法对计算机友好，支持高效推理。推理是知识表示的重要目标，传统方法在进行知识推理时复杂度很高，难以快速有效地处理。知识图谱的表示形式以图结构为基础，结合图论相关算法的前沿技术，利用对节点和路径的遍历搜索，可以有效提高推理效率，极大降低计算机处理成本。

(4) 基于图结构的数据格式,便于计算机系统的存储与检索。知识图谱以三元组为基础,使得在数据的标准化方面更容易推广,相应的工具更便于统一。结合图数据库技术以及语义网描述体系、标准和工具,为计算机系统对大规模知识系统的存储与检索提供技术保障。

不难发现,知识图谱对于知识服务有重要的支撑作用,能够将传统基于浅层语义分析的信息服务范式提升到基于深层语义的知识服务。因此,学术界和工业界都对于知识图谱高度关注,将其作为新一代人工智能的基础设施。

5.2.2　知识图谱与智能运维

知识图谱在数控车床故障分析的智能运维案例。数控车床是机械产品制造过程中常见的加工设备。由于数控车床具有高质量、高精度的特点,其在产品加工过程占据了很关键的地位。因此,很有必要对数控车床中发生和可能发生故障的系统及其组成单元进行分析,鉴别其故障模式、故障原因,估计该故障模式对系统可能产生的何种影响,以便采取措施提高其可靠性。

为了高效准确地帮助专家针对数控车床进行故障分析,展示知识图谱技术在机械领域应用的有效性,此处建立了基于知识图谱的故障分析系统。针对故障分析知识图谱的构建过程,从企业设备故障记录文本,以及数控车床设备信息与设备故障相关网页、书籍和文献中抽取到所需的数控车床结构知识、故障模式知识、故障机理知识、故障应对措施知识。最终构建的部分故障分析知识图谱的实体与关系如图 5-4 所示。

该知识图谱具有以下功能和优点:

(1) 灵活的信息查询格式。基于知识图谱的故障分析系统可以利用命名实体识别技术和语义解析技术,实现非结构化文本式的故障分析。如员工输入"数控车床主轴振动"便可以解析出话语中所包含的部件实体有:"数控车床"和"主轴",事件实体有:"振动",进而便可以在知识图谱中实现进一步的搜索和推理。

(2) 故障原因、处理措施推理。故障原因与处理措施推理对故障分析十分关键,指引着专家对故障的解决方式。与传统关键词检索不同,基于知识图谱的故障分析,通过对语句的实体与关系分析找到答案,推理出员工所提出的故障现象的原因和处理措施的存储编号,而后可以自动根据该存储编号检索故障原因和处理措施的详细内容。

(3) 故障影响范围推理。在故障分析知识图谱中,耦合了数控车床中各个部件的连接关系以及部件的层级关系,因此可以用于推理故障部件所影响的其他部件。比如,从知识图谱中可以得到主轴部件的故障可能会影响其相连的轴承、挡圈等部件的工作情况,以提示操作人员进行进一步的检查。

(4) 隐式故障模式推理。操作人员往往只能观察到故障发生时带来的表面的现象,而不确定该故障现象对应的实际的故障现象描述,因此需要指引操作人员进

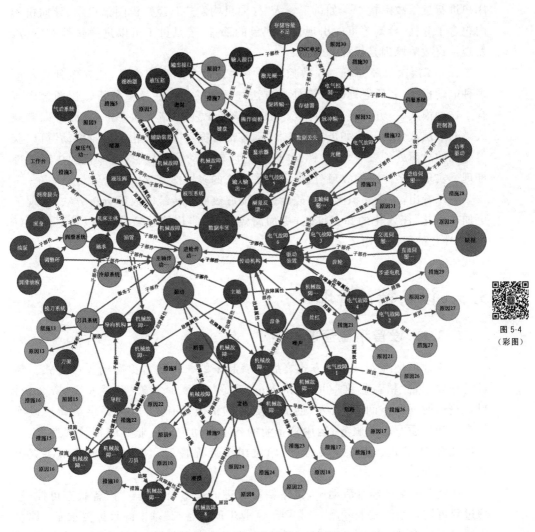

图 5-4
（彩图）

图 5-4　数控车床故障分析知识图谱

一步探索真正的故障原因。基于知识图谱的故障分析系统实现了这一目标。在知识图谱内部可以耦合故障现象之间的关联关系，比如部件的"发热"故障事件可能是由于"磨损""振动""短路"等事件造成的，而"振动"事件还可能导致"噪声""断裂"等事件。当相关现象链接到知识图谱中的事件实体后，可以实现隐式事件的挖掘以及事件可能造成的后续影响的提示。如员工输入"驱动装置发热"，经过知识图谱的事件关系推理后，可以得出可能的故障模式，从而进一步可以推理更精确的故障原因、处理措施等。

（5）交互式故障检测。由于数控车床的结构是层级结构，由很多系统组成，而各个系统又包含了许多子系统。因此，操作人员描述故障现象时，容易描述故障对象的范围较大。而故障分析知识图谱内部结合了数控车床的结构信息，可以指引用户进行逐层故障检查。如员工输入"导向机构发热",经知识图谱提示,导向机构内包含了导柱、导套等可能出现发热现象的部件,于是员工可以进一步检查定位,发现最终故障原因是导柱的磨损。

(6) 多层次故障分析。在数控车床中存在很多同类别部件,比如多种齿轮或多种电动机等,其所遇到的故障处理方法往往很接近。在故障分析知识图谱中耦合了这种模式,一方面可以去除冗余数据,降低数据存储空间,另一方面可以实现故障的多层次分析。比如员工输入"传动零部件振动"和"齿轮箱齿轮振动"可以获得相同的故障处理方法,但是针对"齿轮箱齿轮振动"可以获得具体化的故障机理推理。实现了多层次的故障分析,满足了员工的多层次需求。

可以看出,基于知识图谱的故障分析彻底改变了传统的故障分析方法,实现了更加全面化、深入化的知识推理,更加高效化、智能化的故障分析,以及更加友好化、个性化的服务应用。

5.3 设备精益管理

5.3.1 设备精益管理概述

精益管理是继大量生产方式之后发展起来的一种效益更高的生产方式。精益管理要求将"精益思维"(lean thinking)理念,以最少资源(包括人力、资金、材料、设备、时间和空间等)投入,创造出更多的价值,同时为顾客提供最新最成熟的产品和优质及时的服务,运用到企业的各项活动中。企业实施精益管理,主要采用现场 5S 管理、TPM 全员维护、精益组织流程管理和 ERP 管理来解决突出的管理问题。

在企业的生产经营活动中,设备精益管理的基本内涵是:"设备状态可控、管理过程可控和经济成本可控"。应用于企业生产设备,其基本的目标要求是:综合应用先进技术,努力追求设备运行零故障、设备诊断零失误、备件管理零冗余、设备零安全事故。由此可见,设备精益管理是企业发展的必然要求,能够为企业安全、健康、高速发展"保驾护航"。

5.3.2 设备精益管理与智能运维

超大规模的轨道交通网络决定了其设施设备专业化维护保障现场具有规模体量大、分布高度离散化、可靠性要求高、管理难度大等特点。在地铁供电设备状态维修建设必要性的基础上,重点围绕状态感知、精准施修与检修技术迭代优化 3 个方面,建设数字化赋能的地铁供电设备"优+"健康状态维修系统总体架构;从多源数据中心建设、状态感知模型构建、精准检修决策指引角度,确定数字化赋能的地铁供电设备"优+"健康状态维修系统的技术路线。

1. 构建数字化赋能的全要素精益管理体系

供电分公司从顶层设计开始,通过现场管理的机制建设、质量管理工具应用,植入精益管理思路,提升检修服务质量。公司建立分公司级顶层设计、部门现场级协同联动的高效管理架构,形成集约化管理优势,优化资源配置;通过智能运维平台将生产计划管理、工艺管理、设备管理、质量管理、成本管理和人力资源管理等要素集成融合,形成精益管理合力。

在信息化建设方面,公司将智能变电站建设作为提升精益管理执行能力的重要抓手,在分公司层面搭建智能运维系统,在生产现场设置了覆盖生产全链条、全流程的 30 多万个数据采集点,实现生产全过程的数字化管理,大幅提升了生产管理效率和安全管理水平。运用大数据、云计算、人工智能、工业互联网等先进技术,公司不断优化 6S、技术图谱、价值流、制造故障模式及影响分析(PFMECA)等精益管理工具,通过构建数字化赋能的地铁供电设备"优+"健康全要素精益管理模型,推动精益管理从经验驱动向数据驱动转变。

2. 基于顾客可靠性需求的设备维护保障

在施工作业中,团队面临多种安全风险,如登车安全、行车安全、人车混合作业安全等;一旦发生事故,可能会造成变电设备损坏等危险。为应对现场安全管理风险与挑战,现场在设备维护方面构建了基于顾客可靠性需求的设备维护保障,现场积极探索了一套全新的"优+"全寿命健康度管理体系。一方面,建立了动态、可视的智能辅助评价模型,实时掌握设备状态信息,提升运营设备的可靠性。根据自身特色及需求,将智能运维平台设计为四大体系,24 h 全方位地掌握一台设备的状态并提供故障预警的设备实时感知预警体系,从设备投入使用到报废全记录,对设备进行健康度分析并提供维修意见的设备全寿命管理体系,将企、工、人、物 4 个方面各种流程进行梳理整合,实现了各业务环节信息系统集约、模块间数据联动贯通的"优+"健康度管理。

另一方面,运用故障及影响分析(FMEA)模型对关键设备进行预防性识别,明确重大施工、关键工序、关键设备施工过程中的风险。在运用全寿命周期管理的基础之上,引入设备健康度评分的标准,从运营可靠性、生产运营指标、设备状态指标等方面进行综合评估健康度,该标准具有较高客观性及科学性,从故障设备试验部件更换、负荷影响等维度来进行评价,具有实际意义。通过运用设备健康度评价机制,对老线路 1 号线 1 500 V 直流开关近 30 年、11 525 条检修数据、5 000 余次故障维修记录的全面性能分析,为关键设备的大修改造提供了可靠依据,成为全国第 1 个地铁供电智能运维平台基础数据底座。

3. 基于智能运维的全网络生产计划联动

在生产管理方面,公司以快捷、精准满足客户需求为目标,引入国际先进的供电设备和工艺技术,实现均衡化和柔性化生产,实施渐进式大修改造项目管理,划小核算单元,细化改造成本考核。

超大规模网络运营阶段突发事件复杂程度增加,对应急响应速度和生产效率的要求更高,基于智能运维的全网络包括生产计划联动的管理,通过智能运维平台,实现了对设备状态实时的展现、故障研判的联动、资源智能的配置、故障精准的维修;通过应用数据采集与监控系统(SCADA),实时监控现场设备运行状态,并自动采集设备运行和环境参数,保障供电正常,依据区域—基地的应急抢修二级结构,并按第一批抢修人员能在最短时间赶到现场响应的原则合理分配现有抢修资源。同时,公司通过设立生产现场看板、准时制(JIT)送发物料看板、智能工器具箱等多系统融合的大数据看板实时展示设备状态等信息数据,实现对运行设备、工艺、物料、质量等要素的全面智能化管控,使得生产全过程透明化、柔性化和可追溯,企业运营管理信息实现及时交互、共享,便于各层级管理人员随时随地掌握所有场景的运营状况,整体提升企业管理水平和运营效率。

5.4 产品再设计

5.4.1 产品再设计概述

产品生命周期是指产品从需求分析到产品退役的整个过程,主要包括:用户需求、方案设计、技术设计、样机试制、生产制造、产品运维和产品退役。产品生命周期环与设计方法环的关系如图 5-5 所示。产品生命周期中的用户需求、方案设计和技术设计等阶段基本上确定了产品的功能和性能;面向制造的产品优化设计主要在生命周期的样机试制和生产制造等阶段完成,向设计工程师提供几何尺寸合理性、模块间干涉、装配关系及过程、制造偏差、单件产品实际加工几何数据等,以提升产品功能和性能,同时提供单件产品实际制造尺寸。产品运维阶段是面向服务的优化设计,支撑对复杂产品运行状态、故障和性能的判别或预测,可支持对下一代或下一批次产品的优化设计。

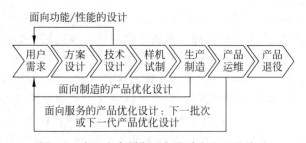

图 5-5 产品生命周期环与设计方法环的关系

5.4.2 智能运维与产品再设计

产品运行过程中往往要经历多种工况,不同工况下性能退化程度是不同的。在进行性能退化评估时,对于新输入的性能监测数据,首先确定其所属的工况,然后调用该工况下的性能退化评估模型来评价性能的衰退程度。为了指导产品的设计改进,除了确定性能退化严重的关键功能模块,还需要进一步识别对性能退化敏感的性能监测参数,以进一步找到与这些参数相关的设计参数。通过对关键功能模块的所有性能监测参数数据进行聚类分析,识别出关键性能监测参数,包括功能故障时刻点计算和性能监测参数重要度计算 2 个步骤。

在性能监测参数重要度计算时,首先选取某个关键功能模块,提取与之相关的原始性能监测数据。剔除关键功能模块功能故障时刻点的所有性能监测参数数据样本点,得到一个新的数据集。对新数据集进行聚类,进一步通过计算类数据中心得到与关键功能模块相关的性能监测参数的正常取值范围。将每个功能故障时刻点的数据与正常取值范围进行对比,如果功能故障时刻点的某个性能监测参数的值超出了正常取值范围,则累计一次该性能监测参数的超出次数。统计性能监测参数在功能故障时刻点超出正常取值范围的次数。根据每个性能监测参数累计超出正常取值范围的次数分配每个性能监测参数的重要度。将关键功能模块的所有性能监测参数的重要度按照从大到小的顺序排序,重要度较大的(也就是对性能退化敏感)性能监测参数被定义为关键性能监测参数。

关键设计参数指的是设计不合理的产品几何结构或材料参数,是设计的薄弱环节,它导致了产品运行过程中性能的严重退化。因此,找出与退化严重的性能紧密相关的设计参数是识别设计薄弱环节的关键。但在现实中,有些性能参数往往无法直接检测到,只能通过若干个性能监测参数(即传感器采集到的数据)来间接计算或表征。这样,可以依据性能监测参数与性能参数之间的关联关系,由关键监测参数找到退化严重的性能参数,即关键性能参数。此外,产品性能是由设计参数决定的,每个性能参数与若干个设计参数相关。因此,可以依据性能参数与设计参数之间的关联关系,由关键性能参数找到关键设计参数。也就是建立如图 5-6 所示的"性能监测参数—性能参数—设计参数"两级关联关系矩阵,通过两级转换完成从关键监测参数到关键设计参数的映射,实现关键设计参数的识别。

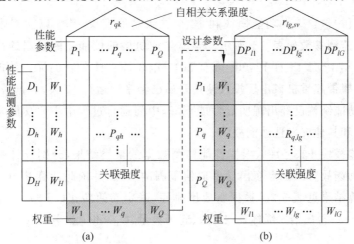

图 5-6　"性能监测参数—性能参数—设计参数"两级关联关系矩阵

(a) 性能监测参数—性能参数关联关系矩阵;(b) 性能参数—设计参数关联关系矩阵

选取某企业 SCC6300 型大吨位履带起重机作为改进设计的案例。该型号履带起重机在运行过程中通过内置传感器采集了大量性能监测数据,以表格、文档和数据记录板等形式存于企业的设计和运维部门。SCC6300 型履带起重机的主体作业机构如图 5-7 所示,运行时包括标准主臂工况、轻型主臂工况、固定副臂工况、塔式工况和超起工况 5 种典型工况。

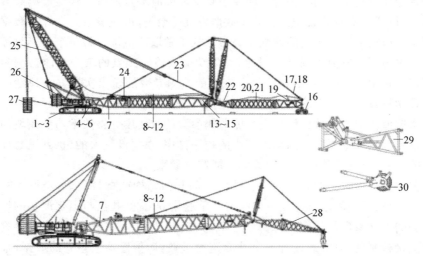

1—配重块液压模块;2—液压机构;3—副臂液压机构;4—主变幅臂电气;5—电气模块;6—副臂电气模块;7—主变幅臂下节臂;8—5 m 中间臂;9—8 m 中间臂 A;10—14 m 中间臂 A;11—14 m 中间臂 B;12—14 m 中间臂 C;13—主臂臂头;14—700 t 臂头;15—1050 t 臂头;16—辅助小车;17—副变幅力矩阻器;18—力矩限器组件;19—副臂头;20—8 m 中间臂 B;21—14 m 中间臂 D;22—起吊幅臂;23—吊装力矩阻限器;24—副变幅机构;25—超起桅杆;26—主变幅机构;27—配重模块;28—固定臂臂头;29—过渡节模块;30—加长臂架。

图 5-7　SCC6300 型履带起重机主体作业机构示意图

作业机构包含 3 大功能模块和 12 个二级功能模块,其中以功能模块 F13 为例,其性能监测参数如表 5-1 所示。整体作业机构的性能监测数据的采集时间区间为 2014 年 12 月 14 日 12:00:00 至 2015 年 3 月 9 日 24:00:00。数据采集开始时,该型号履带起重机自出厂投入使用开始已经平稳运行 10 天,数据采集结束时,产品部分功能结构已经出现明显性能下降,中间运行过程中主要功能未发生产品停机、停转和其他突发性功能故障。

以功能模块 F13 为例,根据性能监测数据的聚类结果,分别统计每个性能监测参数在功能故障时刻点超出参考取值范围的次数,并依此计算其归一化后的重要度。计算结果见表 5-2。根据重要度排序,确定卷筒转速(PF6)、卷筒变幅钢丝绳拉力(PF7)、卷扬钢丝绳绳速(PF8)、起吊重量(C_1)和作业半径(C_4)为关键性能监测参数。

表 5-1　SCC6300 履带起重机作业机构功能模块及性能监测参数

一级功能模块	功能描述	二级功能模块	功能描述	性能监测参数
F1	运动执行模块	F11	回转运动	略
		F12	提升运动	略
		F13	变幅运动	卷扬机传动主轴温度(PF_1)、卷扬机主轴轴承温度(PF_2)、变幅转矩(PF_3)、主臂支点位移(PF_4)、变幅时长(PF_5)、卷筒转速(PF_6)、卷筒变幅钢丝绳张力(PF_7)、卷扬钢丝绳绳速(PF_8)
		F14	伸缩运动	略
F2	能量供应模块	F21	机械-液压转换	略
		F22	液压供应	略
		F23	电能供应	略
F3	运动控制模块	F31	变速传动控制	略
		F32	操作制动	略
		F33	载荷限制	略
		F34	位移限制	略
		F35	变幅限制	略

表 5-2　功能模块 F13 性能监测参数重要度

序号	性能监测参数	超限次数	序号	性能监测参数	超限次数
1	传动主轴温度 PF_1/℃	96	9	起吊重量 C_1/t	359
2	主轴轴承温度 PF_2/℃	67	10	起吊物体体积 C_2/m³	102
3	变幅转矩 PF_3/(kN·m)	116	11	起升高度 C_3/m	83
4	主臂支点位移 PF_4/cm	75	12	作业半径 C_4/m	334
5	变幅时长 PF_5/min	41	13	风速 C_5/(m/s)	94
6	卷筒转速 PF_6/(r/min)	391	14	风压 C_6/kPa	68
7	变幅钢丝绳张力 PF_7/kN	327	15	环境温度 C_7/℃	123
8	卷扬钢丝绳绳速 PF_8/(m/s)	285	16	环境湿度 C_8/(%Rh)	19

　　结合设计工程师的经验,给出了 F13 变幅运动模块的 5 个产品性能要求,分别为"变幅平衡性(P_1)""变幅平滑性(P_2)""起幅抗冲击性(P_3)""落幅操控性(P_4)""结构耐久性(P_5)"。该模块的 8 个主要设计参数分别为"卷扬绳槽间距($DP_{13,1}$)""绳槽数量($DP_{13,2}$)""出绳方式($DP_{13,3}$)""筒径大小($DP_{13,4}$)""卷筒材质($DP_{13,5}$)""卷扬钢丝绳类型($DP_{13,6}$)""卷扬钢丝绳直径($DP_{13,7}$)""钢丝绳材质($DP_{13,8}$)"。最终得到的"性能监测参数—性能参数—设计参数"两级关联关系矩阵如图 5-8 所示。

　　设计参数重要度的计算结果如图 5-8 最后一行所示,据此对功能模块 F13 的设计参数进行排序。可以看出,设计参数"筒径大小""绳槽数量""卷扬钢丝绳直径"有较高的重要度,识别为关键设计参数。调整优化这些设计参数是提高起重机作业机构的性能稳定性的关键。

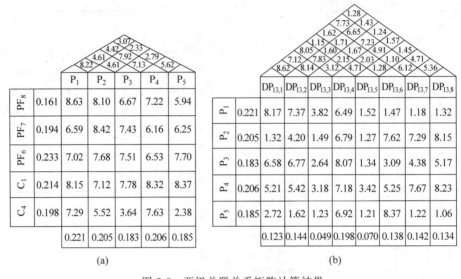

图 5-8 两级关联关系矩阵计算结果

(a) 性能监测参数—性能参数关联关系矩阵;(b) 性能参数—设计参数关联关系矩阵

5.5 基于工业互联网的运维平台建设

5.5.1 工业互联网的内涵及体系架构

1. 工业互联网的内涵

工业互联网作为第四次工业革命的重要组成,是工业数字化、网络化、智能化发展的关键综合信息基础设施,是服务制造业数字化、网络化、智能化的关键载体,更是全球的主要经济大国、制造业大国实现智能制造,寻求国家经济新增长点的共同选择。工业互联网平台作为构筑现代化产业体系的核心支撑,已经成为各国发展制造业的重要战略之一。

2. 工业互联网需具备的基本功能

从工业互联网定义来看,工业互联网平台需要具备 4 个基本功能:①需要实现将不同来源和不同结构的数据进行广泛采集;②需要具备并支撑海量工业数据处理的环境;③需要基于工业机理和数据科学实现海量数据的深度分析,并实现工业知识的沉淀和复用;④能够提供开发工具及环境,实现工业 APP 的开发、测试和部署。

3. 工业互联网的体系架构

工业互联网的本质是通过开放的、全球化的工业级网络平台把设备、生产线、工厂、供应商、产品和客户紧密地连接和融合起来,高效共享工业经济中的各种要素资源,从而通过自动化、智能化的生产方式降低成本、增加效益,帮助制造业延长产业链,推动制造业转型发展。工业互联网也被列入"新基建"的核心要素。

工业互联网包括网络、平台、安全三大体系,工业互联网平台从技术形态上,分为边缘层(数据采集)、IaaS 层(云基础设施)、PaaS 层(管理服务平台)和 SaaS 层(工业 APP/软件)四大层级。

(1)边缘层。边缘层是基础。在平台的边缘层,对海量设备进行连接和管理,并利用协议转换实现海量工业数据的互联互通和互操作;通过运用边缘计算技术,实现错误数据剔除、数据缓存等预处理以及边缘实时分析,降低网络传输负载和云端计算压力。边缘计算基于高性能芯片、实时操作系统、边缘计算算法。

(2)IaaS 层。IaaS(infrastructure as a service,基础设施即服务)是指把 IT 基础设施作为一种服务通过网络对外提供。在这种服务模型中,用户不用自己构建 1 个数据中心,而是通过租用的方式来使用基础设施服务,包括服务器、存储和网络等。在使用模式上,IaaS 与传统的主机托管有相似之处,但是在服务的灵活性、扩展性和成本等方面 IaaS 具有很强的优势。

(3)平台层。平台层是核心。在通用 PaaS 架构上进行二次开发,实现工业 PaaS 层的构建,为工业用户提供海量工业数据的管理和分析服务,并能够积累沉淀不同行业、不同领域内技术、知识、经验等资源,实现封装、固化和复用,在开放的开发环境中以工业微服务的形式提供给开发者,用于快速构建定制化工业 APP,打造完整、开放的工业操作系统。

(4)应用层。应用层是关键。通过自主研发或者是引入第三方开发者的方式,平台以云化软件或工业 APP 形式为用户提供设计、生产、管理、服务等一系列创新性应用服务,实现价值的挖掘和提升。

5.5.2　工业互联网与智能运维

从德国的"工业 4.0"到中国的"智能制造",再到美国的"工业互联网",这些战略的提出和施行都意味着各国对工业物联网的高度重视。而作为工业物联网的"杀手级"应用,预测性维护得到市场重视,进一步推进了制造业发展向智能化新模式的转变。现如今有众多工业互联网平台中已经包含了智能运维的部分功能,例如由 GE 公司推出的 Predix 平台,西门子公司的 MindSphere 云平台,徐工集团推出的 Xrea 平台,三一重工集团推出的工业大数据平台。

1. Predix 平台

由 GE 公司推出的工业互联网平台 Predix 是全球第 1 个工业互联网平台。GE 认为,其工业互联网 Predix 平台,类似电脑中的 Windows 和手机中的 Android,是对软件开发者开放的云操作系统。GE 赋予 Predix 平台的最大价值也是"兼容和开放"。作为一个完全开放的系统,Predix 并不局限于 GE 自有的设备与应用,而是面向所有的工业企业,它们都可以利用 Predix 开发和共享各种专业应用。

　　Predix 不仅仅可以利用收集到的工业数据识别设备的问题或故障,Predix 甚至可以推荐解决方案。为达到此目的,Predix 为现实里的机器创建了一个"孪生数字版"。Predix 将来自机器操作的实际数据与数字版产生的理论数据比较后就可以找到实际机器运作和理想机器运作的差异。Predix 还可以模拟不同的可能解决方案对未来机器运作的影响。通用电气软件研究副总裁曾介绍了这样一个例子:南加州的一个单 D11 涡轮圈出现了少量损伤,Predix 识别了该问题并做出"如果不及时矫正机器的寿命将减少 69%"的诊断。Predix 还可以利用机器的历史数据,可以利用来自世界各地其他 D11 涡轮机的数据以及近 60 000 套数字模拟数据提出最佳的解决方案,方案涉及数字调整缓变率和热压力,这样做的另一个作用燃料更少,并且避免了价值 1 200 万美元的设备出现故障。

　　微软和通用曾联手利用 Predix 帮助一家电力传输公司客户。该电力传输公司拥有超过 50 000 英里的"传输资产",包括线路、塔、夹和变压器,需要超过2 000 人的维护人员检查线路,在偏远地区的维护还用到直升机,整个过程颇为昂贵。而通过一款由微软开发的 Predix 应用程序,该公司现在可以用无人机沿电力线自主飞行,从多个角度拍摄每个资产。该应用然后再分析照片和其他传输数据,进行问题识别,如检查螺栓销的缺失。当问题被识别后,系统就会标出来,真人操作员可以检查是不是虚报。如果问题得到确认,系统会自动创建一个工作订单并将其发送给维修人员。开发的 Predix 应用后每年可以为公司节省数百万美元。

2. MindSphere 云平台

　　西门子 2015 年底宣布将增加研发投入 3 亿欧元搭建跨业务新数字化服务平台 Sinalytics。这一平台与 Predix 非常类似,整合了远程维护、数据分析及网络安全等技术。继成功完成内部测试之后,2016 年西门子正式面向市场推出"MindSphere 工业云平台"。MindSphere 被设计为一个开放的生态系统,工业企业可将数据服务作为预防性维护、能源数据管理以及工厂资源优化的基础。

　　德国一家知名的工业机柜和配套温控系统制造商与西门子合作,利用西门子MindSphere 平台的数据采集功能监控机柜冷却系统的运行状况,并及时给出故障报警和维护策略。通过这种方法,机柜和温控系统制造商可基于从部署于客户现场的设备中收集到的数据,简化售后服务流程。通过近乎实时获取信息的技术,建立了"产品＋数据服务"的新型商业模式。

　　机柜供应商向工业物联网平台运营商支付工业物联网平台使用费,并在该平台上构建自己的软件应用程序(仪表板、维护计划工具等)。在这两种实现途径中,制造公司都可以访问应用程序,利用应用程序优化维护效果。为此,作为售后服务合约的一部分,制造公司通常也需向冷却系统供应商支付服务费。

　　从制造公司的角度来看,机柜和冷却系统属于辅助设备,与工厂的核心业务几乎无关。因此,制造公司可将温控系统的管理和运行全部外包,并且仅通过订购"冷却即服务"的功能,保证量化指标和可用性即可。这样的服务对制造公司颇有吸引力。通过应用以上工业物联网服务,机柜供应商能够提供带有"冷却即服务"功能的产品。这种服务需要具备两大基础,一是能够通过工业物联网平台访问所有已部署系统的运行和健康状态数据;二是针对给定的可用性目标,供应商拥有优化维护服务所需的专业知识和经验。最终机柜供应商可能不会向制造公司出售冷却设备产品,而只是出售具有可用性保证的冷却服务。

3. Xrea 平台

　　2004 年徐工集团尝试开展设备按揭销售业务,徐工信息受命开发对工程机械这一移动资产进行管理的平台,经过技术筹备,第 1 代 Xrea 工业互联网平台在2005 年上线并开始提供服务,随着技术的发展、用户需求的变化、模式创新的需要,通过整合徐工信息工业云平台,Xrea 工业互联网平台逐步从一个对移动资产进行管理的平台转为工业互联网平台。Xrea 工业互联网平台是徐工工业互联网的支撑平台,在该支撑平台之上徐工信息开发了众多的解决方案,这些解决方案主要服务在 3 个领域:

　　(1)智能生产领域。智能生产领域主要目标是利用工业互联网相关技术对传统产线、车间、工厂进行改造,实现生产过程的优化,提升生产系统的性能、功能、质量和效益,进而使传统的产线、车间、工厂成为智能产线、智能车间和智能工厂。

　　(2)智能服务领域。工业互联网帮助徐工的产业模式进行转变,由传统的以产品为中心转向以用户为中心,产业形态从生产型制造向服务型制造转变,更好地实现供给侧结构性改革。在服务领域,开发了众多的智能服务产品,例如:延保服务、UBI 保险服务、预测性维护服务等。

　　(3)智能产品领域。智能产品领域主要是将工业互联网和徐工的工程机械产品结合,让传统的工程机械成为智能网联工程机械,帮助工程机械提升工作效率和工作质量,降低生产成本,进一步保障生产安全。

　　在 2016 年的 5 月份,徐工信息与某新能源乘用车车厂进行合作,共同开发了智能网联新能源汽车。当今新能源汽车行业的竞争压力较大,产品本身已经趋于同质化,产品在对于用户的体验还不够方便、成熟,所以提供更贴心的用户服务将是车企的重要竞争力之一。基于 Xrea 工业互联网平台,车企实现了产品的全生命周期监控、故障预警、车桩互联、远程控制与智能服务,为最终用户提供手机 APP,能够让用户实时了解车辆的运行状态与健康状况,并且与充电桩互联互通,让用户能够实现快捷充电。

　　2017 年 6 月,徐工信息与苏州某企业合作,对企业的数控加工中心刀具进行预测性维护。这家企业生产的产品是手机金属壳,金属壳加工的重点工序是金属切割,切割过程中刀具的消耗带来了大量成本。刀具提前更换,会增加刀具消耗成本,更换不及时,会造成不良品率的提升,这是企业的痛点难题。利用 Xrea 工业互联网平台对机床的加工数据进行采集,经过分析后发现声音、震动和电流与刀具的损坏程度具备较强的相关关系,最终开发出了刀具损耗模型,实现对刀具的智能诊断与寿命预测。良品率从原来的 87% 大幅提升至 99%,减少了废品成本与刀具消耗成本。

参 考 文 献

[1] Institution B S. Glossary of terms used in terotechnology：BS 3811：1993[S]. London：BSI,1993.

[2] 中华人民共和国机械电子工业部.可靠性、维护性术语：GB/T 3187[S].北京：中国标准出版社,1994.

[3] 陈雪峰,訾艳阳,等.智能运维与健康管理[M].北京：机械工业出版社,2018.

[4] 融融标准化.PHM技术国内外发展概况[EB/OL].(2020-07-20)[2022-08-18]. https：//zhuanlan. zhihu. com/p/161910632.

[5] 融融标准化.关于PHM的基础知识,你需要了解这些[EB/OL].(2020-07-20)[2022-08-18].https：//zhuanlan. zhihu. com/p/161910117.

[6] 看航空.预测与健康管理(PHM)技术应运而生[EB/OL].(2018-11-06)[2022-08-18].https：//www. sohu. com/a/273555928_115926

[7] LUETH K L. The top 20 companies enabling predictive maintenance[EB/OL].(2017-04-06)[2022-08-18]. https：//iot-analytics. com/top-20-companies-enabling-predictive-maintenance/

[8] 中国工控网.关于PHM,这是有史以来听到最接地气的解说[EB/OL].(2018-07-27)[2022-08-18]. http：//www. gongkong. com/article/201807/82118. html.

[9] 李杰.工业大数据[M].北京：机械工业出版社,2015.

[10] FATRI.故障诊断技术学科发展[EB/OL].(2018-05-21)[2022-08-18]. https：//zhuanlan. zhihu. com/p/37116977?utm_id＝0.

[11] PECHT M G. Prognostics and health management of electronics[M]. New Jersey：John Wiley & Sons,Ltd,2008.

[12] RANDALL R B. Vibration-based condition monitoring：industrial, aerospace and automotive applications[M]. New Jersey：John Wiley & Sons,Ltd,2011.

[13] 聚优网.状态监测与故障诊断的基本知识[EB/OL].(2022-04-26)[2022-08-18].https：//www. jy135. com/shuma/18913. html.

[14] 自动化新闻网.数字化工厂,工业数据如何进行采集[EB/OL].(2023-02-16)[2023-05-10].https：//news. ca168. com/202302/123206. html.

[15] 郑公书馆298.状态监测与故障诊断常用的方法[EB/OL].(2017-01-02)[2022-08-18]. http：//www. 360doc. com/content/17/0102/00/26166517_619526038. shtml.

[16] 中科路通.状态监测那些事儿[EB/OL].(2021-01-11)[2022-08-18]. http：//www. nomiot. com/nd. jsp?id＝84.

[17] 沈立智.大型旋转机械的状态监测与故障诊断[M/OL].第四期全国设备状态监测与故障诊断实用技术培训班讲义.2007[2022-08-18]. https：//www. docin. com/p-63728045. html.

[18] 环球自动化网.传感器如何选型六大技巧选择合适的传感器[EB/OL].(2018-07-27)[2022-08-18]. https：//www. sohu. com/a/243638972_100085094.

[19] 数据化管理.数据质量与数据质量八个维度指标[EB/OL].(2020-03-30)[2022-08-18]. https：//www. jianshu. com/p/1a0f2ba45b3c.

[20] 黄良.路在何方———关于重大技术装备国产化的研究(下)[J].北京:中国机电工业,1997:30-31.

[21] 陈予恕.机械故障诊断的非线性动力学原理[J].北京:机械工程学报,2007:25-34.

[22] 刘英杰,成克强.磨损失效分析[M].北京:机械工业出版社,1991.

[23] 屈晓斌,陈建敏,周惠娣,等.材料的磨损失效及其预防研究现状与发展趋势[J].兰州:摩擦学学报,1999:92-97.

[24] 李爱.航空发动机磨损故障智能诊断若干关键技术研究[D].南京:南京航空航天大学,2013.

[25] 高建民,朱晓梅.转轴上裂纹开闭模型的研究[J].西安:应用力学学报,1992:108-112.

[26] 周桐,徐健学.汽轮机转子裂纹的时频域诊断研究[J].上海:动力工程学报,2001:1099-1104.

[27] 戈志华,高金吉,王文永.旋转机械动静碰摩机理研究[J].南京:振动工程学报,2003:38-41.

[28] 施维新,石静波.汽轮发电机组振动及事故[M].北京:中国电力出版社,2008.

[29] 高洪涛,李明,徐尚龙.膜片联轴器耦合的不对中转子—轴承系统的不平衡响应分析[J].天津:机械设计,2003:19-21.

[30] 李利.汽轮机发电转子不平衡的诊断及治理[J].重庆:中国科技期刊数据库工业 B,2015:00216-00217.

[31] 夏松波,张新江.旋转机械不对中故障研究综述[J].北京:振动.测试与诊断,1998:157-161.

[32] PIOTROWSKI J. Shaft alignment handbook[M]. Boca Raton:Crc Press,2006.

[33] 朱永江.离心压缩机稳定性评价与失稳故障诊断研究[D].北京:北京化工大学,2012.

[34] 宋光雄,张煜,王向志,等.大型汽轮发电机组油膜失稳故障研究与分析[J].北京:中国电力,2012:63-67.

[35] 宋光雄,张亚飞,宋君辉.燃气轮机喘振故障研究与分析[J].南京:燃气轮机技术,2012:20-24.

[36] 曲庆文,马浩,柴山.油膜振荡及稳定性分析[J].广州:润滑与密封,1999:56-59.

[37] 崔颖,刘占生,冷淑香,等.200MW 汽轮发电机组转子-轴承系统非线性稳定性研究[J].北京:机械工程学报,2005:170-175.

[38] 郑海波.风电机组振动监测案例分析[J].北京:风能,2014:88-92.

[39] 张键.机械故障诊断技术[M].北京:机械工业出版社,2014.

[40] 何正嘉,陈进,王太勇,等.机械故障诊断理论及应用[M].北京:高等教育出版社,2010.

[41] 马宏伟,吴斌.弹性动力学及其数值方法[M].北京:中国建材工业出版社,2000.

[42] GASCH R. A survey of the dynamic behaviour of a simple rotating shaft with a transverse crack[J]. Journal of sound and vibration,1993:313-332.

[43] 曾复,吴昭同,严拱标.裂纹转子的分岔与混沌特性分析[J].上海:振动与冲击,2000:42-44.

[44] 李红.碰摩转子系统动力学特性及其故障分析研究[D].北京:华北电力大学,2017.

[45] 鹿守杭,金颖,王航,等.转子裂纹的故障机理及诊断方法研究[J].北京:科技资讯,2019:65-66.

[46] HappyWang. 常见的插值和拟合方法[EB/OL]. (2019-12-20)[2022-08-18]. https://zhuanlan.zhihu.com/p/161910632.

［47］ 靳国涛,解海涛,丁舸.飞机刹车系统故障诊断方法及其应用研究［J］.北京：测控技术,2021：53-60.

［48］ 李国杰,程学旗.大数据研究：未来科技及经济社会发展的重大战略领域———大数据的研究现状与科学思考［J］.北京：中国科学院院刊,2012：647-657.

［49］ LEI Y. Intelligent fault diagnosis and remaining useful life prediction of rotating machinery［M］. Oxford：Butterworth-Heinemann,2016.

［50］ 雷亚东,贾峰,孔德同,等.大数据下机械智能故障诊断的机遇与挑战［J］.北京：机械工程学报,2018：94-104.

［51］ 陈吉荣,乐嘉锦.基于 Hadoop 生态系统的大数据解决方案综述［J］.长沙：计算机工程与科学,2013：25-35.

［52］ 邹蕾,张先锋.人工智能及其发展应用［J］.上海：信息网络安全,2012：11-13.

［53］ Engineering-CAE. 人工智能迈向 2.0 时代［EB/OL］.（2017-2-16）［2022-08-18］. https://blog. sciencenet. cn/blog-3295637-1034047. html.

［54］ 裴洪,胡昌华,司小胜,等.基于机器学习的设备剩余寿命预测方法综述［J］.北京：机械工程学报,2019：1-13.

［55］ 庄福振,罗平,何清,等.迁移学习研究进展［J］.北京：软件学报,2015：26-39.

［56］ PAN S J,YANG Q. A survey on transfer learning［J］. IEEE Transactions on Knowledge and Data Engineering,2010：1345-1359.

［57］ WEI F,ZHANG J,CHU Y,et al. FSFP：Transfer learning from long texts to the short［J］. AppliedMathematics & Information Sciences,2014：2033-2040.

［58］ SHIX,FAN W,RENJ. Actively Transfer Domain Knowledge［C］. Machine Learningand Knowledge Discovery in Databases,European Conference,ECML PKDD 2008. Antwerp,Belgium,September 15-19,2008,Proceedings. DBLP,2008：342-357.

［59］ LIAO X,XUEY,CARIN L. Logistic regression with an auxiliary data source［C］. Proceedings of the 22nd international conference on Machine learning,2005：505-512.

［60］ ZHUANG F,LUO P,HE Q,et al. Inductive transfer learning for unlabeled target-domain via hybrid regularization［J］. Chinese Science Bulletin,2009：2470-2478.

［61］ DAI W,YANG Q,XUE G,et al. Self-taught clustering［C］. Proceedings of the 25th international conference on Machine learning,2008：200-207.

［62］ JIANG J,ZHAIC. A two-stage approach to domain adaptation for statistical classifiers［C］. Proceedings of the sixteenth ACM conference on Conference on information and knowledge management,2007：401-410.

［63］ DAI W,XUE G,YANG Q,et al. Co-clustering based classification for out-of-domain documents［C］. Proceedings of the 13th ACM SIGKDD international conference on Knowledge discovery and data mining,2007：210-219.

［64］ FANG M,YIN J,ZHU X. Transfer learning across networks for collective classification［C］. IEEE 13th International Conference on Data Mining. IEEE,2013：161-170.

［65］ PAN S J,KWOK J T,YANG Q. Transfer learning via dimensionality reduction［C］. Proceedings of the Twenty-Third AAAI Conference on Artificial Intelligence,2008：677-682.

［66］ KAN M,WU J,SHAN S,et al. Domain adaptation for face recognition：Targetize source domain bridged by common subspace［J］. International Journal of Computer Vision,2014：

94-109.

[67] JIANG J,ZHAI C. Instance weighting for domain adaptation in NLP[C]. Proceedings of the 45th Annual Meeting of the Association Computational Linguistics,2007：264-271.

[68] DAI W,YANG Q,XUE G,et al. Boosting for transfer learning[C]. Proceedings of the 24th International Conference on Machine Learning,2007：193-200.

[69] 金棋,王友仁,王俊.基于深度学习多样性特征提取与信息融合的行星齿轮箱故障诊断方法[J].武汉：中国机械工程,2019：196-204.

[70] 陈祝云,钟琪,黄如意,等.基于增强迁移卷积神经网络的机械智能故障诊断[J].北京：机械工程学报,2021：96-105.

[71] LIAO L,KÖTTIG F. A hybrid framework combining data-driven and model-based methods for system remaining useful life prediction[J]. Applied Soft Computing,2016：191-199.

[72] 邓爱民,陈循,张春华,等.基于性能退化数据的可靠性评估[J].北京：航空学报,2006：546-552.

[73] 王贝.基于改进 Logistic 回归模型航空发动机滚动轴承寿命预测[D].大连：大连理工大学.2018.

[74] PAN D,LIU J,CAO J. Remaining useful life estimation using an inverse Gaussian degradation model[J]. Neurocomputing,2016：64-72.

[75] 王国锋,曹增欢,冯维生,等.基于多阶段退化建模的谐波减速器实时可靠性评估与寿命预测[J].天津：天津大学学报(自然科学与工程技术版),2022：122-132.

[76] CHOLLET F. Building Autoencoders in Keras[EB/OL]. (2016-05-14)[2022-08-18]. https://blog.keras.io/building-autoencoders-in-keras.html.

[77] Kennedy J. Particle swarm optimization[M]. New York：Springer US,2011：760-766.

[78] AGOGINO A,GOEBEL K. BEST lab,UC Berkeley. "Milling Data Set"[EB/OL]. (2007-05-14)[2022-08-18]. http://ti.arc.nasa.gov/project/prognostic-data-repository

[79] 姜宇迪,胡晖,殷跃红.基于无监督迁移学习的电梯制动器剩余寿命预测[J].上海：上海交通大学学报,2021：1408-1416.

[80] LUETH K L. Predictive maintenance initiatives saved organizations $17B in 2018,as the number of vendors surges[EB/OL]. (2019-06-20)[2022-08-18]. https://iot-analytics.com/numbers-of-predictive-maintenance-vendors-surges/.

[81] LEE J,BAGHERI B,KAO H A. A cyber-physical systems architecture for industry 4.0-based manufacturing systems[J]. Manufacturing Letters,2015：18-23.

[82] 北京天泽智云科技有限公司.基于信息物理系统(CPS)的预诊断与健康管理(PHM)[EB/OL]. (2017-08-10)[2022-08-18]. http://www.gongkong.com/article/201708/75748.html.

[83] 新工业网.数字孪生与 CPS、仿真的关联与区别[EB/OL]. (2021-07-21)[2022-08-18]. https://www.infoobs.com/article/20210721/48616.html.

[84] TAO F,QI Q,WANG L,et al. Digital twins and cyber － physical systems toward smart manufacturing and industry 4.0：Correlation and Comparison[J]. Engineering,2019：653-661.

[85] 米娅撩科技.详解数字孪生应用的十大关键问题[EB/OL]. (2020-07-11)[2022-08-18]. https://www.sohu.com/a/407000218_120775175.

[86] 张栋豪,刘振宇,郏维强.知识图谱在智能制造领域的研究现状及其应用前景综述[J].北京：机械工程学报,2021：90-113.

［87］　睿象云．拥有知识图谱，成就智能运维［EB/OL］．（2019-11-27）［2022-08-18］．https：//
baijiahao．baidu．com/s?id＝1651341076559099620&wfr＝spider&for＝pc．

［88］　夏元平，牟来琼，王思永，等．动力设备精密点检的探索研究［J］．北京：科技创新导报，
2013：64．

［89］　甘侠峰，樊琦，郭嘉曦．以"五星"供电运维质量守护地铁生命线［J］．北京：中国质量，
2022：14-19．

［90］　李浩，陶飞，王昊琪，等．基于数字孪生的复杂产品设计制造一体化开发框架与关键技术
［J］．北京：计算机集成制造系统，2019：1320-1336．

［91］　褚学宁，陈汉斯，马红占．性能数据驱动的机械产品关键设计参数识别方法［J］．北京：机
械工程学报，2021：185-196．

［92］　太阳石协议．工业互联网第2章体系架构PaaS二次开发与构建［EB/OL］．（2020-06-20）
［2022-08-18］．https：//blog．csdn．net/dy22511825/article/details/106871018/．

［93］　至顶网．通用电气Predix改变客户运作的三大用途［EB/OL］．（2017-01-09）［2022-08-
18］．http：//www．ilinki．net/news/detail/6847．

［94］　骆驼文库．数字技术颠覆传统商业模式，产品服务化的时代悄悄到来［EB/OL］．（2021-04-
25）［2022-08-18］．https：//zhuanlan．zhihu．com/p/367687659．

［95］　徐工信息．深入解读Xrea工业互联网平台［EB/OL］．（2018-05-12）［2022-08-18］．
https：//articles．e-works．net．cn/iot/Article141342_2．htm．